食之道 叁

鼎鼐雜碎

陳夢因（特級校對）著

食之道（三）鼎鼐雜碎

作　　者：陳夢因（特級校對）
責任編輯：洪子平
封面設計：張志華
出　　版：商務印書館（香港）有限公司
香港筲箕灣耀興道三號東滙廣場八樓
http://www.commercialpress.com.hk
發　　行：香港聯合書刊物流有限公司
香港新界荃灣德士古道 220-248 號荃灣工業中心 16 樓
印　　刷：中華商務彩色印刷有限公司
香港新界大埔汀麗路 36 號中華商務印刷大廈 14 字樓
版　　次：二〇二三年十月第一版第二次印刷

ISBN 978 962 07 5597 2
Printed in Hong Kong

目錄

序　賈訥夫

朋友中講究飲食之道的大不乏人，能考據飲食源流不厭求詳，南北食譜滾瓜爛熟如數家珍的也有幾位，但能隨時隨地攘臂而起，入廚烹治，談笑之間即可製出佳饌以供訪客大快朵頤的則不多見。多年來最令我傾心羨慕的，除已故國畫大師張大千先生外，當推「特級校對」。

三十年前，「特校」以老總之尊，不惜化名寫其遊戲文章，《波經》固已譽滿球壇，而《食經》則更家傳戶誦。同事中每於春秋佳日作其黃雞白酒之局，「特校」輒有出人意表之製，入廚客串，輕描淡寫，崧韮膀肋之屬都成珍品，使人交口讚歎。

《食經》刊以專集多冊，特級校對知食之名遍及歐美，近年退居美西，頤養林泉。垂釣之餘，更多割烹心得。前年有《講食集》出版，去年又擬刊《鼎鼐雜碎》，不意原稿散失，為之悒悒。今秋重來香江，原稿失而復得，於是動顏見示，相讀之下，深覺內容較前更為多彩，其中如談〈廣州鹿鳴宴菜譜〉一文，考據精確。且對時下豪富縱情口腹、踵事奢華之風大加疵議，「十萬元的滿漢全席」認為是二十世紀最奢侈的中國吃食。「特校」固有心人也。

香港在七十年代經濟起飛後，暴發戶一食萬錢，其他富有人家婚壽喜筵一席之費亦等閒三四千金，此類風氣可謂前無古人。以言我國飲宴歷史，雖在承平之世，亦不敢過事揮霍。嘉慶時民間宴客秘用四冰盤兩碗，已稱極腆，惟婚典則用一碗蟶乾席。道光四五年間始改用海參席，八九年間加四小碗，果菜十二盤。降及咸、同之際，然後改用魚翅席或燕窩席。清末民初日趨奢侈，海上豪客以家廚競相標榜，揮霍之度殊足驚人。至今物價騰貴，經濟混亂，中下人家欲求徜徉巷里，飲啖於價廉物美之市肆者，不可復得。

「特校」此集中〈譚廚〉一文考證精確，可說為《食經》正文。而於其他家常食製之介紹，多為時人所未知之「古方」「秘笈」。飲食為人生性命所關之事，既不可胡食，又不可暴食，古人以少食寡慾為養生不二之道。「特校」專心致志於此道，豈徒為口腹之計哉。

序　柳存仁

不佞識特級校對先生，逾二十年。特級校對固隱名，曩住香江，主報社筆政，不樂作大品文字，居恆以此筆名為副刊，寫有關飲食及營養之隨筆，合刊之曰《食經》。凡十集，不脛而走，老饕固津津樂道其事，即家庭主婦亦喜讀其文，蓋以其所述皆質實自實際經驗而來，讀之者可據以入廚，主中饋不致僨事。於是特級校對之名大噪，識者轉忘其本名，而特級校對入庖則操刀而割，出廚則援筆書其寒、暖、燥、濕、甘、辛、鹽、豉，五味之和，樂此不疲者逾數十年，人不知其嘗在新聞界而不慍也。

壬寅、癸卯之際，特級校對移居美國西海岸，嘗在梁祥先生主持之訓練班講釋中國菜之各種作法及傳播機構寫《金山食經》，馳譽更甚於居香江時。

近以其大著《鼎鼐雜碎》見示，囑為細讀。捧誦之餘，則見特級校對之所論益推陳出新，深合海外中外居家及飲食界之需要，更復深入飲食之歷史，所用第一手材料如《周禮》、《齊民要術》、《飲膳正要》諸籍，皆其他同性質之書籍所未道，特級校對亦可謂修綆汲古，於此道三折肱者矣。特級校對愛飲食，同住香江時常治具相饗，又樂聞飲食之掌故。余亦恆以曩所聞諸老輩賢者精飲食之軼事相告，引為笑樂。所談多京菜掌故，其未及告者，今日又憶及二三事。如翡翠羹，以雞茸羹為底，加薺菜或菠菜末，色鮮綠，佔其半；其另一半則雞茸羹之本色，色純白，兩色陰陽作太極圖形，食時則混而為一，故此品又名太極圖。又有賽螃蟹，則燴大塊黃魚，以不散不碎為妥，其鮮勝於清水大蟹。兩品皆以昔年北京楊梅竹斜街之萬福居最著名，清末白雲觀住持高峒元之發明也。今日香港若干京菜館尚能治此二餚，然可能數典忘祖矣。以上愚聞諸至德周志輔先生明泰。又南半截胡同廣和居，製潘魚最佳。潘魚係同治光緒間潘輝如所創，以羊肉共鯉魚同製湯，其味絕美，食時去羊肉僅出鯉魚及湯，蓋鮮字之字形為魚旁有羊，用羊得味絕鮮故也。此說愚聞之楊伯平先生宗翰，楊氏隸蒙古旗，其尊人恩詠春丈曾駐防鎮江，著有《八旗藝文編目》，又久住京華者也。特級校對喜聞鼎鼐掌故，茲值其新著將付剞劂，愚故書昔年所聞舊事一二以貽之，是為序。

一九八四年甲子三月既暮，南海柳存仁敬序。

鼎鼐雜碎

壹：名菜探究

略談「滿漢全席」的根源

做過中國皇帝幾百年的滿洲人，原是遊牧民族，不大講究吃的文化和藝術的，做了統治者後，祭祀以至紅白二事的飲食，仍保持吃白肉的傳統。皇帝賜宴羣臣也是吃白肉，《宮門鈔》上且書明：「某日某刻皇上升座吃肉。」新婚夫婦的洞房宴，也是把方几放在炕上，几上有一盆羊腿，一隻乳豬，都是白煮的，吃時用自己帶備的小刀割切。滿人的習慣刀不離身，小刀、火鐮、手巾、鈔票都拴在帶上，叫這些東西為「活計」。要是在皇帝面前吃肉，「活計」裏邊還要帶備高麗紙，否則吃不出味道來。原來皇帝賜吃白肉，是一大方豬肉放在樺木做的硃紅漆的肉槽裏，各人吃的小碗也是樺木做的。肉是白煮，倒也腴而不膩，但不設味品，吃時各人拿出自己的小刀，又用高麗紙抹刀抹碗，其實是把用醬油製煉過的高麗紙的味道抹在刀上碗裏，則刀和碗都有醬油味，沒味道的白肉才吃出味道來。

從前北平最出名的白肉館是砂鍋居，設在西四牌樓南大街，後邊是肅王府的西牆。何以王府之側准許開菜館？據傳說砂鍋居最初的老闆是肅王府的廚子，為便於兼顧，就在王府側邊開菜館，在牆上開了個便門，則王府的廚師與菜館有關人物隨時可往來，至於有無拿了王府廚房的豬肉和其他，在砂鍋居賣給食客，只有天曉得。砂鍋居的營業時間只一個上午，因王爺和福晉（夫人）要日上三竿才起牀，也不會在午間宴客，一到中午以後，廚師就要侍候王爺。砂鍋居除供應白肉外，也賣與豬有關的如翡翠羹、金銀肘、肚湯圈湯、炸紫蓋（即炸白肉）等。

皇帝對於吃既保持傳統，旗民的喜筵壽宴，為表示不忘根本，也吃白肉。帝都所在地的北平，豪富雖不少，宦囊豐滿的更大有其人。因御史衙門也在這個地方，正如香港之有廉政公署，做官的在飲食方面過於豪奢的話，可能會引起飲食開支超過官俸所得的懷疑，招來不少麻煩。基於上述幾種原因，專為款待皇帝及王公大臣底窮奢極侈的「滿漢全席」在北平也少見到。

吃滿漢換兩次桌面

清帝康熙和乾隆南巡十多次，都曾駐蹕揚州。當地的官員以至紳商，為接待天子和王公大臣及同皇室有關人物所準備的飲食，既有滿筵，也有漢饌。至於集滿漢精華弄成的「滿漢全席」，可能是在乾隆南巡，訪海寧「安瀾園」主人陳閣老以後。這是揚州富甲天下的鹽商和侵吞了大部分每年為治黃、淮水患開支逾百萬兩公帑的水利官員所弄出來的制度。如款待皇帝的「滿漢全席」共一百三十品，皇帝以下的一百零八品，在清代膳食檔冊裏還沒發現。揚州的大菜館，地方寬暢，且有園林之勝，如迎春園、金桂園、醉仙居等，營業招簾上都寫有「滿漢全席」的字樣。

當年揚州的「滿漢全席」名聞遠近，用的是八仙枱，每席三至六人，迎門一面不設座。另設長桌一張，桌前繫桌圍，桌上置燭台、檀香爐及看碟（手工品）一二十件，且必有撤桌；所謂撤桌，就是換過桌面和食具等。吃完燒烤菜後，侍者四人持大紅枱布，各牽一角，在沒設座位一邊走向食桌，把枱布遮蓋全桌；另有侍者在枱布下面，將杯盤狼藉的桌面，從右邊移出；真是説時遲那時快，另侍者二人從左邊另一張枱上有食物和食具的桌面放在桌上，即撤去紅枱布，又呈現新的吃喝。吃一次「滿漢全席」有兩次撤桌。

據清帝南巡揚州的記載，一百三十品的「滿漢全席」菜譜是：

第一次，頭號五簋碗十品：燕窩雞絲湯、海參燴豬筋、鮮蟶蘿蔔絲羹、鮑魚燴珍珠菜、淡菜蝦子湯、魚翅螃蟹羹、蘑菇煨雞、轆轤鎚、魚肚煨火腿、鯊魚皮雞汁羹、血粉湯。

第二次，二號五簋碗十品：鯽魚舌燴熊掌、米糟猩唇、豬腦、假豹胎、蒸駝峯、梨汁伴蒸果子狸、蒸鹿尾、野雞片湯、風豬片子、風羊片子、兔脯嬭房簽。

西廳是吸鴉片所在

第三次，細白羹碗八品：豬肚、假江瑤、鴨舌羹、豬腦羹、芙蓉蛋、鵝肫掌羹、糟蒸鰣魚、假斑魚肚、西施乳、文思豆腐。

第四次，毛血盆（燒烤）二十品：獲炙哈爾巴小豬子，油炸豬羊肉，掛爐走油雞、鵝、鴨、鴿，豬雜什，羊雜什，燎毛豬羊肉，白蒸小豬子小羊子、雞、鵝、鴨，白麵餑餑卷子，什錦火燒，梅花包子。

第五次洋碟（蜜餞類）二十品，熱吃勸酒菜二十品，小菜牒二十品，枯果（荔枝乾等）十品、鮮果十品。

上頓開始吃是十時，第二頓由午後三時起。揚州的大酒館或仕宦豪門之家，必有宴客用的大廳，對面還有照廳，用來演堂戲、雜耍或清唱；吃的時間太長，不能沒有娛樂節目調劑。還要備槍（煙槍），西廳有橫牀、直竹、煙燈等設備，方便抽鴉片的嘉賓。

皇帝對揚州另眼相看，康、乾南巡所經，駐蹕揚州的次數最多。皇帝巡幸的隨從很多，地方上官紳固要準備供奉皇帝和有關人員的飲食。揚州又是鹽運中心，鹽商在當時是富甲天下的人物，治黃、淮的官吏是個肥缺，平日在飲食方面已是窮奢極侈，遇到以飲食供奉皇帝或王公大臣的機會，更勾心鬥角，出奇制勝，要弄到「龍顏大悅」，王公大臣也吃得開心，進而獲寵信或在皇帝面前說句好話，未嘗不可升官發財。往昔做大官的和豪門富戶，門下多有詩酒琴棋的清客，唯揚州官、商門下還有專門研究飲食的清客。對飲食如是重視，一是為了自奉，二是藉飲食發展公共關係，故清中葉以後，揚州飲食的精美，譽滿全國。經濟條件優越外，還有政治因素：皇帝要繁榮揚州。

多鐸殺揚州人百萬

清兵入關後，在揚州演過屠城記，主角是豫王多鐸。據目睹當時慘狀的揚州人王秀楚著的《揚州十日記》所載，被屠的揚州人已逾八十萬，用其他方式自殺更難以數計，總數相信會超過百萬。整個府城到處是頹垣斷瓦，變成廢墟。直到康熙開始，南巡駐蹕過揚州後，才大興土木，重建揚州。乾隆時，被毀的古蹟名勝已先後重建，整個揚州也恢復昔日的繁榮。所以市恩揚州，不外想把屠城的血跡抹乾，讓被統治的忘記當年屠城的慘狀。

康熙和乾隆先後南巡十多次，在揚州駐蹕的次數不少，當地官、商為接待皇帝、王公大臣及與皇室有關人物，在飲食方面自是滿、漢俱備。乾隆時正是太平盛世，接待皇帝的飲食比康熙時更豐盛精美。專為接待皇室人物的「滿漢全席」的構成，可能在乾隆南巡臨幸海寧「安瀾園」以後。但究竟始自何時？這要烹飪專家史學家交代了。

稗官野史都說乾隆的生父，原是海寧陳閣老，乾隆南巡訪陳閣老，據說還是太后的意旨。

皇太后鈕祜祿氏原為雍親王妃，當年產下一個女兒，與陳閣老的兒子同日同時出生，藉巧合的理由，賄囑家人抱陳閣老的兒子到王府看看。誰知這一看，抱回陳家的變了女嬰。陳家當然不願意，不過要鬧起來，也不一定可換回男嬰，只得將錯就錯，息事寧人。誰知換去的男嬰成了皇四子弘曆，後來竟繼承帝位，鈕祜祿氏也做了太后。

皇帝臨幸海寧，簪纓世家陳閣老的「安瀾園」，當然不是簡單的一回事。陳閣老也早已接到通知，把「安瀾園」重新粉飾以作皇帝行宮，飲食方面更大事張羅部署。凡旗族漢人認為最珍貴的，或山南海北罕有的食物，如大八珍的熊掌、駝峯、龍肝、鳳髓、豹胎、象鼻、鶚炙、猩唇，小八珍的四鰓鱸、黃河鯉等，都在羅列之列，總之用最好的飲食供奉做了皇帝的兒子，但當時不一定稱之為「滿漢全席」，也不一定是一百三十品。稱之為「滿漢全席」是後來揚州的豪門和漕督等想出來的，一百三十種食物則根據光祿寺的《大宴則例要錄》中「大宴」的「則例」而來。

廣州也擺「滿漢全席」

據溥儀的回憶錄說：飯不叫飯而叫膳，吃飯叫進膳，開飯則叫傳膳。他的母親隆裕太后每餐菜餚有一百樣左右，要用六張桌子陳放；但是其中並沒有甚麼山珍異味，因為皇家食用要以想到就能辦到為原則，像「滿漢全席」這麼多的花式，恐怕貴為宣統皇帝也沒有吃過。

清時通都大邑都有不少大菜館或包辦筵席的堂號，招簾上標明營業項目有「滿漢全席」的，以揚州最多。這非開菜館弄刀鏟的不願做「滿漢全席」，而是缺少這種顧客。唯一例外的是廣東省會廣州，尤其在海禁大開以後，懂得做「滿漢全席」的菜館不會少過揚州。直到清亡以後，做「滿漢全席」的菜館把滿漢的滿字改為大字，菜譜同「滿漢全席」沒太大的分別。據說早期廣州的「滿漢全席」的滿饌、麵點、看碟要借助滿洲大官的家廚，其後粵廚也學會做滿饌，如哈兒巴（燒豬脾）之類。屬於擺設的看碟，還是靠旗人幫忙，手藝這回事沒經驗弄不來的。民國以後，還有粵菜老行尊的李昆師傅會弄看碟。十年前香港大同酒家擺過一次「大漢全筵」，看碟中的四水果，做如石山盆景，便是李師傅的傑作，用蓮藕、馬蹄、菱角等製成。

早在唐代，做官的出了甚麼錯，被貶謫流放的地方是「蠻方絕域」的廣東。但嶺南的官則視為「肥缺」。若能做到節度使和靠近省會的地方官，即使是個無足輕重的「捕快」，也比若干地方的縣官多油水。《通鑑》二四零卷，文宗開成元年（公曆八二一年）便條說：「十二月庚戌，以華州刺史盧鈞為嶺南節度史，使李石言於上：盧鈞除嶺南節度使，朝士相賀，以為嶺南富饒之地，近歲皆厚賂北司（宦官）而得之……。」不怕南方的瘴癘荊棘，還要賂北司也想做廣東官，不外為了「肥缺」而已。其實自唐代到二十世紀的七十年代，香港殖民地官府沒有成立廉政公署以前，在中國任何地方做官，以發財為首的佔最大多數。

古法烹調逐漸失傳

原是「富饒之地」的嶺南，古時吃官飯的已不惜間關萬里，要來嶺南謀「肥缺」，何況到清朝中葉海禁大開以後，嶺南是洋貨（堅船、利炮、鴉片煙、海味，包括中國財寶外流）的轉運中心，辦洋務的發財，做買辦的發財，朝廷有人的滿官漢官自然也「財源廣進」。盛行多妻主義的時代，有財的廣蓄姬妾而外，也要從醫藥和飲食方面進補，方可自娛和滿足姬妾。「滿漢全席」多滋陰補腎的食物，富有的紳商和宦囊豐滿的大官小官，對於「滿漢全席」當會「食指動矣」，故有「滿漢全席」出現。到清代皇朝結束以前，「南方之蠻」的菜館擺「滿漢全席」不會少於發源地的揚州。就以香港來說，近百年擺「滿漢全席」或變相的「大漢全席」，起碼超過百次。有四十多年歷史德輔道中的大同酒家，曾任營業經理三十年的黃耀（已故）先生任內擺（滿漢必設擺桌，故曰擺）過三十九次「大漢全筵」，何況還有其他不少可擺「滿漢」的酒家。

據香港擺過十萬元港幣「滿漢全席」的酒家主持人說：「清朝通常的『滿漢全席』是四日八宴。」如果「滿漢全席」真的始自陳閣老而盛行於揚州，則上述一百三十品的揚州「滿漢全席」，只是一天吃兩頓。乾隆臨幸「安瀾園」可能駐蹕四天，因有四天八宴之說。粵式減半，兩天四餐，則四天八食之說，似非「通常」。

四十年前，大同酒家印備的「大漢全席」菜譜共七十四品，那是：

四大菜：嘉禾官燕、飛鵬展翅、廣松仙鶴、京扒熊掌。

八每位：雪耳蛤蛋（壹隻）、白灼香螺片、松子燴龍胎、油泡北鹿絲、珊瑚北口蛤、合時蔬鴨脷、雀肉淡水蝦、蘑菇扒鳳掌。

四座菜：京扒全瑞、海上時鮮、紅烤果狸、婆參蜆鴨。

四式燒烤：大紅乳豬、掛爐大鴨、大同脆皮雞、蝦兒吧。

四熱炒：桂花脊髓、蛤扣雞皮、金筍鴿條、比翼鴛鴦。

大漢全筵有洋氣味

到奉點心一度：每位金魚玉液卷、爹步路西谷，各位杏精鮮酪。

第一度各食鹹點：每位瑞草靈芝、翡翠秋葉，各位上湯雞粒蜆粉。

第二度各食甜點：每位巴黎摩戟、步冧香菊，各位桂花時果露。

第三度各食鹹點：每位寶蝶穿花、鳳舞平沙，各位蟹鳌片兒麵。

第四度各食甜點：每位皇后鬆夾、附厘奶堆，各位地門桃露。

四冷雙拼

四看果

四生果

四京果
四蜜碗
四水果
四糖果
四小菜
木絲湯
瓜子、杏仁手碟。
附件：美化禮堂乙度，歐式果盤全座，粉塑美化三星像、八大仙、五瑞獸。

「大漢全席」看似不及揚州的，有點架牀疊屋，既有燒烤的豬、雞、鵝、鴨，又有煮的，大概是屬於滿饌部分。「大漢」的雖有哈兒巴等滿饌，且帶些洋氣洋味，如布甸、戟之類，看來實質比揚州的豐盛。

大小八珍具吸引力

民國前廣州的「滿漢」，盛菜的是各個不同的雕鏤銀具，其實是銅鏤電鍍銀。清代的飲食盛器與用具以銀為貴，豪門富戶愛用純銀酒杯和銀筷子。盛具自是以銀為貴，但大概因為電鍍技術傳入廣州較早，有了雕鏤的所謂銀器盛具供應，也是「南方之蠻」可多擺「滿漢」的原因之一。

擺十萬港元「滿漢全席」的菜館當事人説：「駝峯豹胎因難於獲致，全根據古譜。」烹製是否也依古法？盛宴的菜式，古法的烹調、味道各個不同。如魚翅海參，本身有灰味而又腥臭，去了腥臭味後，還要藉他味的扣、煨，才可弄成餚饌。煨魚翅靠雞的鮮味，扣海參卻不能用雞湯。一席菜假如有四個菜的作料本身沒味的，如熊掌、竹筍、魚肚和鹿筋，則非有他味烹調不能成為可口的菜。有四種不同的他味烹製，才可使食客的味覺有像百花齊放的感受。不過，吃十萬元滿漢的東洋客乃味精世家，對味道的苦中甘、鹹中澀、辛中辣、尖的酸、甜的圓（老糖才有圓的效果）不能道出其所以然，則成本高、工作繁的古法烹調，他們未必懂得欣賞。

「滿漢全席」是清代最豪奢的飲食，最具吸引力的還是大小八珍和熱鬧場面及氣氛。如揚州式滿漢「説時遲那時快」的換桌面，真可當作變魔術。沒有火車飛機的時代，山南海北活的鮮美珍品食物，確令人有「食指動矣」的誘惑。

大清早已成為歷史名辭，窮奢極侈的「滿漢」古譜仍存，古法烹調則逐漸失傳。此因受西方的影響，烹調趨向科學化，一個菜的糖鹽若干都要規定。爭奈人是多變的動物，對食品的愛惡和口味會因時地不同而有不同的變化。任何餚饌，求其色、香還不難，能引起味覺快感則不簡單。為了吃的熱鬧場面和氣氛，以及滋陰補腎的目的而吃「滿漢」尚無不可，但為保持健康可以多看幾年花花世界，「滿漢」應敬而遠之。倒是古法中本有惡味沒有美味的作料，先去其惡味，後藉他味烹成美饌，且層次不同。這還真要發揚而光大之，據說這就是烹飪藝術。

「譚廚」名菜多粵法

「善飲好客，食量兼人」之「譚廚」編導譚故院長延闓先生是湖南茶陵人，正統「譚廚」曹四是湖南長沙人，則「譚廚」割烹的自是湘菜。惟「譚廚」之名菜如「紅燒魚翅」、「蟹黃翅」、「畏公鯉魚」，譚大公子伯羽先生證明其為粵法。

法學界耆宿陳霆銳先生在〈談譚廚〉（見《中華飲食雜誌》第四期）大文中說：「中國文化最古，亦最精深，所以烹飪之術亦獨步世界。在今日而談中國烹飪者，當以『譚廚』為最。」

二十世紀中國菜第一次大出風頭的，就所知是「譚廚」菜，這是有事實證明：一九三二年，國聯李頓調查團東來，國府以兩席「譚廚」菜宴該團，皆食而甘之，歐美報章多有記載，「譚廚」由是不僅「聲滿京華」（霆銳先生語），也使中國食藝蜚聲國外。至於陳先生說〈談烹飪以「譚廚」為最〉，倒有值得商榷的地方。

陳先生大文中又說：「余對『譚廚』平日所知甚少，大概為耳食之談，非真能知其味者也。」雖屬謙辭，也許真的對烹飪「所知甚少」，致有「譚廚」為最的話。一若正統「譚廚」曹四，只承認有三個懂吃的嘴巴，故譚院長而外，還有汪頌年（詔香，廣西督學）、呂籧生（芯籌，行政院秘書長），同樣所知甚少。其實當年黃浦灘上的遺老遺少，懂吃的嘴巴多得很，又以彈丸之地的「東方之珠」，年已杖於廷的人物中，懂吃的嘴巴也有好幾百。

〈談「譚廚」〉中論述的資料，來自故行政院長譚延闓長公子伯羽先生，費十天功夫，在其先人十八年日記中找出許多關於「譚廚」之遺聞逸事，共計九紙，應是談「譚廚」最權威的資料。今說「譚廚」菜餚的割烹多粵法，也是根據伯羽先生的「共計九紙」中找出來。

「辣子雞丁」是湘法

性聰穎，精書法，才兼文武（做過軍長）的譚故院長壽終正寢於一九三零年。人稱為曹四爺之正統「譚廚」曹四，請名士周鰲山作聯輓東翁，聯為：

「侍奉承歡憶當年，公子趨庭，我亦同嚐甘苦味；

治國烹調非易事，先生去矣，誰識調和鼎鼐心！」

湖南茶陵譚家是個望族，世代書香，更有孝聲。據說伯羽先生曾祖母目疾幾至失明，祖父文勤按時以舌頭舔他的母親眼皮，終獲重見光明。

《典論》說：「一代長者知居處，三代富貴方知飲食。」世代書香的譚家，當然是知飲食的。但譚家講究的是湘法，如曹四的「辣子雞丁」，「一般做法，用子雞一隻，辣椒半斤耳。而彼需子雞三隻，只用胸部之肉。辣椒數斤，專選用紅者，帶綠半黃者悉去之。雞肉辣椒俱切成大小相等之塊片，紅白相間，用豬油炒之，以深藍大瓷碟盛之。」這是湘法的割烹。直到「先祖文勤公致仕，由粵返鄉，家廚一仍粵法烹飪。如做『紅燒魚翅』，必以肥雞一隻，火腿一方，與魚翅合燉經日，使其熱爛。上菜時只長鬚排翅一盆，別無其他雜菜，惟蟹黃翅為例外。」這就是粵法。可見譚家的割烹菜有粵法，始自文勤致仕以後。

伯羽先生說：「先公見背後，曹廚返湘，曾設一健樂園。其菜餚如魚翅、鯉魚、豆腐等，俱冠以『畏公』（譚晚年自號無畏）兩字，以示所本而號召焉。」

「畏公鯉魚」是粵法

「此外尚有溏心鯉魚，亦足述者。所用為廣東土鯉魚，色深褐，大逾二寸（可能有誤），非淺黃小塊之洋鯉魚也。尋常做法，必先以刀劃花紋於上，易於燉爛。而曹廚不施一刀，整塊燉之，純用火工，食之柔嫩，如半熟之雞蛋，因此得名。」粵法之「薑葱鯉」，作料是公鯉一尾，劏淨不去鱗，以一斤計，用生薑二兩，青蒜二兩，葱白一兩，生油三兩。做的程序是：紅鑊，用油炸過薑及葱蒜白，然後加水（以蓋過鯉魚為度）燒至滾，放入原尾鯉魚，再滾加鹽調味後，文火炆之至水份約一小碗，加葱青蒜青煮數分鐘即是。「食之柔嫩如半熟雞蛋，全靠生油滲透鯉魚肌理，少油則無此效果。」

「畏公豆腐」也有可能是粵法的「太史豆腐」，雖近乎有點想當然。所以有此想法，因江太史與譚延闓是同科進士，而文勤又在廣州做官，父親綽號江百萬的江孔殷，做了翰林院編修，有名又有錢，又辦洋務（代理洋紙煙），同權貴結交在所不免，則譚文勤父子吃過太史第的美饌，江太史又吃過譚家的佳餚並不出奇。「譚廚」菜既多粵法，則「畏公豆腐」的烹製受了粵法「太史豆腐」的影響也非無稽。

伯羽先生說：「湘菜原不出名，但知其辣。從前粵漢鐵路未通，湘廚尤缺海味。」魚翅屬海味之一，自粵返湘之「先祖文勤家廚一仍粵法」大足證明「譚廚」菜的割烹經緯有粵法，也可以說「譚廚」的名菜有若干是粵菜。

曹四成為「譚廚」前已是廚林高手，曾在清末湖南布政使莊心安官邸主理過廚政。莊是江蘇武進人，是當時講究飲食的出名人物，譚故院長任湖南咨議局長時，已嚐過曹四的湘菜和江淮菜。曹四會做粵菜如「紅燒魚翅」等，民十年六月十四以後「獲先公之教，於余家烹調舊法，及先公食性，深得了解，其藝大進。」

曾有人怕「譚廚」食譜落在東洋人手上，請伯羽先生索曹之食譜珍藏。伯羽先生將此意告曹四，曹四說：「食譜何用？做菜全是眼法手法，全靠經驗，非看書可以學得者。彼無食譜，但有小冊記菜名而已。」一代廚林高手竟無食譜，未知出版食譜的名家作何想法？

「譚家菜」的阿姨

已故美食家兼烹飪家大千居士說過，「譚家菜」之「白切雞」與「紅燒鮑脯」，為天下美食中的極品。可惜當年機織街的譚家，門庭可能依舊，人物早已全非，主人已作古多年，「譚家菜」也沒有傳人。

或以為烹飪家必為美食家，而被稱為美食家的，多是烹飪能手。其實名廚或烹飪家未必盡知甚麼是美食，美食家也不一定會做菜。做菜是易事，刀鏟技術熟練了，自然能巧，至於精，則殊不簡單。

「三代富貴，方知飲食。」魏文帝對飲食藝術也許講得誇張一些，但十八世紀法國最出名的美食家巴利拉・薩凡林，原是個律師兼音樂家，寫過很多講飲講食的書，也有這樣的話：「沒有一個四十以下的人可稱為美食家。」細味這句話，便是腰纏萬貫的，也要吃過若干年月，加上吃的範圍很廣，累積了林林總總的經驗，才可道出美的所以然。古往今來，廚師加上一個名字或烹飪而能稱家的，十九出自美食之家，譚家菜的「阿姨」即是一例。

一九八三年駕鶴西歸，曾食遍天下之藝海高人張大千居士，是遐邇知名的美食家兼烹飪家，居滬時人說他的繪藝好，他說自己的廚藝比繪藝更好，也常說「譚家菜」的「白切雞」和

▶舊版《鼎鼐雜碎》封面，張大千題字。

「紅燒鮑脯」為天下美食中極品。大千居士對「譚家菜」有這樣的評價，怪不得譚家菜「名重京師」。惜乎北平西城機織街的譚家，門庭可能依舊，人物早已全非，「譚家菜」也沒有傳人。

對烹飪術這宗事不大留意的，或以為「譚家菜」就是「譚廚」的菜，其實「譚廚」的是湖南菜，「譚家菜」是廣東菜。「譚廚」是做過行政院長的譚延闓先生私邸主理廚政的廚師。「譚廚」有多人，如胡少懷、曹四、曹九、曹健和都是「譚廚」。一若廣東的「江廚」也有多人，如李子華、阿蘇、麥川、黃明、陳掌、潘全等，先後在廣州河南太史第主理過廚政。「譚家菜」是旅居北平廣東名士譚篆青先生家人做的菜，做菜的既非職業廚師，也不是僱員，而是譚的家人，因稱之為「譚家菜」。

「名重京師」的廣東菜

一九六五年十月十六日，香港《星島晚報》刊載一則廣告中有：「至於京菜魚翅則得益於『譚家菜』良多，百粵名士譚篆青老先生旅居北平，講究飲饌，家廚精良，名重京師，其中魚翅一味，尤膾炙人口。」可見「譚家菜」是廣東菜，而非「譚廚」的湖南菜。

當年「名重京師」的「譚家菜」主人譚篆青先生是個甚麼人？而「家廚精良」的家廚是譚家的甚麼人？「講究飲饌」的也許想知道，惟手邊資料不多，試述一二：

「譚家菜」的主人是譚篆青，名祖任，以字行，號移庵，光緒拔貢；能詩文，詞尤佳。民初曾任財政部簡任秘書，為廣東書香門第之後。祖父譚瑩，字兆仁，號玉生，道光廿四年甲辰舉人，曾官化州道訓學及瓊州教授，加中書銜。工詞賦及駢體文，後在學海堂課上任學長前後三十年。著有《樂志堂詩集》三十卷，所作《荔枝詩》百首，尤傳誦一時。

譚玉生有五子，第三子宗浚，字叔裕，咸豐十一年辛酉舉人，同治十三年以一甲二名進士及第，入翰林院授職編修。散館後繼張之洞督學四川，嗣任雲糧儲道，卒於光緒十四年，時僅四十三歲。遺著有《希古堂詩集》八卷、《外集》四卷、《遼東紀事本末》十六卷等。以「譚家菜」而「名重京師」之譚篆青就是叔裕之第三子。

生長仕宦之家之譚篆青，講究飲饌，既有所本，細說起來，和世代書香客居北平的廣東陳家也有關。

原來譚篆青有姊名祖佩，是已故學者外交家陳之邁先生令堂。之邁先生尊翁慶龢，字公睦，也精研飲饌，每在外間飯館吃到好菜，即着家廚照做，並加改良，由其第三女公子祖佩在家監督。名廚秦喬、賀三金先後在陳家同庖。祖佩原為烹飪能手，于歸陳家後，餚饌的設計，改良與監督，更是負了全責。譚篆青有了如夫人後，為個人口腹，常着其如夫人到陳家向之邁先生令堂習廚藝。陳家上下皆稱譚家如夫人為「阿姨」，大概這位「阿姨」對烹飪之道興趣甚濃，凡具這種才華，經過三年五載，不僅盡悉陳家烹飪之秘，尋且青出於藍。「譚家菜」的「家廚精良」的家廚，就完全出於譚篆青的如夫人「阿姨」之手。

譚篆青住在北平西城機織街，是自建的四合院，為了酬酢唱和之便，還另建專為宴客用的庭院，佈置陳設，極其幽雅精緻。北洋時代的達官顯貴，遜清遺老，常以譚家宴客庭院為酬唱所在，譚篆青半輩子就過着這種詩酒風流的生活。到北洋末期，譚篆青的豪奢飲食漸覺難於支持，境況且一日不如一日。宴客專用的庭院，自是「門庭冷落車馬稀」，到了捉襟見肘的境地，只有借出庭院讓故舊新知宴客，「阿姨」則從做菜中換取生活所需。

「譚家菜」兼各省之長

要用「譚家菜」來換錢的時期，北平東興樓的魚翅席大洋八元，借譚家庭院請一次客，代價是六七十元大洋，在當時算是豪奢的飲饌。有資格吃「譚家菜」的，當然非富則貴。不過，「譚家菜」的「紅燒黃翅」，雞已用去四隻弄湯，加上魚翅及其他作料，已超過普通酒樓一席翅席的代價。所以「魚翅」一味，尤膾炙人口，不外精選精製。

「皇軍」佔據北平後，譚篆青初曾躲到別的地方去，其後又在北平出現，人問他何故回來？譚說：「別的地方沒有黃翅吃。」能說一流利京片子的「皇軍」不少，尤其是「支那通」，對北平一切瞭如指掌，當然曉得「名重京師」的「譚家菜」。有槍在腰的「皇軍」要吃「譚家菜」至為容易，當時為了保命保產，或加官晉爵的，為了親近或巴結「皇軍」而孝敬的盛宴，盡是醇酒佳餚，於是久已門庭冷落的譚家庭院又復睹車水馬龍之盛。「皇軍」與新貴在譚家飲宴無虛席，卻苦了做菜的「阿姨」。作料精選還不難，精製所需的時間特多。譚家既非菜館，廚房不大，設備有限，「阿姨」應付不了無窮盡的需索勞瘁，終至一病不起，「蒙主寵召」去了。自是以後，「皇軍」們便無緣再吃「譚家菜」了。

上代是滿朝大員，而且是講究飲饌之家，譚篆青在公子時代已吃「刁」了嘴巴，因之「譚家菜」的烹調方法，粵式而外，也糅集了各省所長。如「蜜汁火方」以粵式的重原味為經，川滇做法為緯，濃鮮而香之外，還可吃出醃製火腿所用甘味作料的甘味。

「譚家菜」的「蜜汁火方」不用茶腿，嫌味不夠濃鮮。以雲腿的中段（上段皮厚，下段脂多）連皮略洗，叉而燒之至脂肪盡去，皮也變焦，然後以熱水洗之至淨，再用清水加白蘿蔔同煮一滾，另換清水再煮過，連皮切成骨牌形，然後炮製。或以為製作前的火腿又燒又煮，油脂既去，火腿已失去香味，同枯肉無多大分別。內行人則認為醃製火腿的醬料，兼有保護作用，不燒而去之，則火腿少香味，且有油臭。僅從這個「火方」的處理方法看，「譚家菜」的做法，確是兼收並蓄。

白切雞只用沸水浸熟

至於「譚家菜」的「白切雞」和「紅燒鮑脯」，做法也與一般有所不同。據說為保持雞的原味鮮味，須講究雞食雞齡外，烹製時絕不經火。備鐵桶三個，盛水過半，先後煮之至沸，移離灶口，把弄淨了並已放入易於傳熱的金屬一件在雞肚內，投入桶內沸水浸三分鐘取出，放入另一水已沸的鐵桶裏又浸三分鐘，週而復始的多次，最後一次則浸十五分鐘，雞已全熱，這就能保持原鮮味而肉嫩滑。

「紅燒鮑脯」的做法始於陳之邁先生令堂。把浸發過的原隻乾鮑魚，用濕透的毛頭紙包裏，放在火上燒之至乾，則鮑魚緊密的肌理組織已鬆弛，然後烹而調之。上席時仍原隻，入口如吃老豆腐，牙齒不必「大力勞動」，味則濃鮮。

「譚家菜」用來換升斗時期的菜式，不外「白切雞」、「蜜汁火方」、「瑤柱蒜脯」、「冬菇龍鬚」、「紅燒鮑脯」、「清湯魚翅」、「紅燒黃翅」、「神仙雞」、「蛤士蟆羹」、「杏汁白肺」、「蜜汁叉燒」，加上各種時鮮約二十多種。其實「譚家菜」還有很多，成本高、花時間太多的就不用多説了。譚篆青日常的吃也極其精緻，如「酒糟醃雞」、「茄子煮魚」、「菠蘿烤鴨」、「芙蓉雞片」、「雞絲骨髓」、「紅燒對蝦」等家常菜，選料至烹調都絲毫不苟。佐膳的鹹魚、臘味、腐乳等也不假外求，全是家製。

譚篆青請客，經常是十幾個菜，盛器的色彩依年代而不同，全是清朝十代的精品。款客的茶酒，也不忽略。如鐵觀音則選安溪早春的；紹酒則選長盛的陳貨，每斤二元八角，普通紹酒當時每斤不超過一元。吃過「譚家菜」的不少，吃遍「譚家菜」者，就所知還是陳之邁先生，一因陳譚是甥舅關係，而「阿姨」是之邁先生令堂的入室弟子。陳之邁做清華大學教授時，「阿姨」弄了甚麼新菜，必請之邁先生品嚐。

文物薈萃的故都，譚家一個「阿姨」弄的菜，竟「名重京師」。治食史的，似不能漏去譚家「阿姨」這一筆。

北京名廚的「譚家菜」

北京飯店八名廚師在一九八一年十一月東渡日本獻技，藉道經香港之便，與香港老饕結飲食之緣，亮相幾手刀章功夫如拉麵等，即為人封之為名廚。來自北京飯店的名廚共八人，據說其中有會做「譚家菜」和「譚廚」菜的。

北京飯店出版的《名菜譜》，下集有「譚家菜」一百一十六款，另外還有若干麵點。

第一個菜是「紅燒黃翅」，主料是水發黃肉翅二五兩，湯料有鴨、老母雞、乾貝、火腿，味料中有味精。鮮鮑魚為主料的菜有三個，一是「三鮮鮑魚」，二是「蠔油鮑片」，三是「鮑魚裙邊」。第一個菜的主料是「水發紫鮑一斤，水發烏參一斤，水發魚肚五兩。」第二、三個菜的鮑魚卻是罐頭鮑魚。當年「名重京師」的「譚家菜」之一的「紅燒鮑脯」譜內沒見，可能是不會把鮑魚弄成像豆腐一樣軟嫩，啖時不必牙齒「大力勞動」。以雞為主要作料的菜有十二款，當年公卿遺老愛啖的「白切雞」也不在譜裏面。

全部菜譜的調味品都有味精，是否北京飯店的廚師不用味精調味，就做不出美味的菜餚呢？——「譚家菜」飲譽北京食壇時，還沒有味精出現。

北京飯店名廚做的「譚家菜」，如果是根據北京飯店菜譜的話，可說同譚篆青的如夫人阿姨做的「譚家菜」完全不同。

清末民初，北京王府井大街有一家廣東菜館，海味的割烹並不高明，清代最後一科探花商衍鎏啖過這家廣東菜館做的「怒髮衝冠的魚翅」和「桀傲不馴的鮑魚」。

「譚家菜」的魚翅與鮑魚的割烹，要是同那家廣東菜館的一樣怒髮和桀傲，則冀、魯兩地業菜館者的海味割烹，不會承認受「譚家菜」的影響。

寄語北京飯店名廚，如喜歡割烹當年阿姨的「譚家菜」，該藉經香港之便，至專賣海味店的海味去看看魚翅與鮑魚等有若干種類，售價又有若干等級？以魚翅、鮑魚等割烹作招牌菜的菜館也該去品嚐，或會發現這些菜館的廚師雖沒被封為名廚，竟敢以海味等菜作招牌菜的道理何在？及他們為甚麼不做很「中看」的如熊貓戲竹的菜，是否道具不足或刀不鋒利？如有可能的話，多交幾個粵籍同志，品嚐他們的家常湯菜如蓮藕鯭魚煲豬蹄、紅青白蘿蔔煲牛腩、調味品只下鹽的湯菜，也許可作阿姨的「譚家菜」底味道調配的參考。因為啖過三千三百元港幣一席，由北京名廚烹調的「譚家菜」的食客說味不夠鮮，且有北方人說的奶油氣味；但「南蠻」①菜很少有臊氣的。

①「南蠻」一詞，原是中國古代對南方落後部族的稱呼，後來成了北方人對南方人的蔑稱。特級校對認為粵菜無論技術與價值，均不比其他菜系差，因此書中經常使用「南蠻」一詞，以作反諷。

廣州鹿鳴宴菜譜

一九七七年十一月，香港出現一吃十萬港幣的「滿漢全席」，就所知，這是二十世紀最豪奢的中國的吃了。報紙記載這一頓「滿漢全席」中有所謂「玉堂宴」、「龍門宴」、「金花宴」和「鹿鳴宴」，因此有人弄不明白：既是「滿漢全席」，為甚麼又有「鹿鳴宴」？是不是專為款待皇帝、后妃、王公大臣吃的「滿漢全席」也包括「鹿鳴宴」？就所知，「滿漢全席」與「鹿鳴宴」是兩回事。

人，儘管膚色不同，血統不同，為了養生，都不免飲食。飲食而稱為藝術，最早的也是咱們文化之邦。惜乎還沒見到一本食史，於是弄「滿漢全席」的，也拉上龍門宴等，還說曾向老行尊和專家領教過，是則現在或將來有人治中國食史，可能會寫成「滿漢全席」即「鹿鳴宴」了。

「鹿鳴宴」在唐代是「諸州貢士，行鄉飲酒禮，歌鹿鳴之詩。」到了清代，卻是「鄉試揭曉之次日，宴主考以下各官及中式舉人。」試問「鹿鳴宴」同「滿漢全席」有甚麼關係？擺「滿漢全席」的既說「不是為做生意，而是為中國的烹飪藝術揚名」，這種態度賣「滿漢」是很好的，似不該扯上「龍門宴」，和「鹿鳴宴」混在一堆。

還有皇帝統治的日子，廣州也有「鹿鳴宴」，而且頗為豪奢，其菜譜是：

先奉點心一度
第一度四熱葷：珊瑚鴿脯、五彩銀針、合浦珠還、鍋貼鱸魚。
四大菜：鳳凰官燕（每位）、白菌雞腰（每位）、千層石斑（小碗）、鳳爪山瑞（大）。
鹹點一度（跟上菜）
滿筵六等漢席三級
第二度：梅花裙翅（海）、香露全雞（大）、鴛鴦螺裙（小）、花放龍團（每位）。
燒乳豬全體（跟千層餅）
甜點一度杏子豆腐
第三度四冷葷，葵花拼響螺、雲腿鴛鴦雞、炸鳳肝菜膽、鴨腎拼腰子。
四大菜：熊掌鷓鴣（海）、海上神仙（大）、龍王抱子（小）、蘑菇鴿蛋（每位）。
鹹點一度（跟上湯）
第四度：鹿羓水鴨（小）、紅扒海參（大）、比翼藍田（海）、雪耳鴨舌（每位）。
掛爐鴨成隻（跟餑餑）
甜點一度棗泥奶露
四冷熱葷、四生京果、四式糖果；四點心飯菜。
清代有管理飲食的光祿寺，初期的有滿制、漢制，其後更有蒙、回、藏等飲食。滿筵有六等之分，漢席也有三級之別；以麵來說，一等滿席用麵一百二十斤，二等用麵一百斤。清代的膳食檔冊，自乾隆以降大都完全。帝王每日御膳進食時刻，膳品名目，治膳廚師姓名，臨時加傳膳品名目，用膳剩餘分賞何人，都有詳細的記錄。至於用大小八珍烹製的一百三十品的「滿漢全席」，在見到的御膳菜單中還沒發現。帝都所在的北平，各式各樣的菜館很多，但像揚州的菜館，招簾寫上「滿漢全席」的，似乎沒有。

福州名菜「佛跳牆」

年前「佛跳牆」成為香港第一流名菜以後，美心系的翠園又出「新滿漢」的噱頭。這是「食在香港」的又一事實。曾獲「東方之珠」美譽，又是冒險家樂園的香港，最豪奢的吃喝也有肯花錢和花得起的一眾捧場。不久的將來，飲食業中人弄個甚麼跳海，像「佛跳牆」的烹製（靠作料的質和味相互交流），弄成美味的菜餚，同樣可以招徠食客而被認為名菜。

人說「佛跳牆」原是福州菜，流行於台灣，再傳到香港。相信台灣的「佛跳牆」的作料不會像香港一樣，全用了人們視為席上珍品為主要作料。香港「佛跳牆」的作料如乾貝、鮑魚、冬菇、雞的質與味都是可獨當一面的菜饌作料，還加上中國菜中的甘草（火腿）用來扶持全沒海味的參、翅、肚等，以密封慢扣方法烹之，毋須用化學調味品，甚至不必下五味之首的上味（鹽）也自有極好的香、鮮效果，所以被目為一流名菜，說穿了，不外是烹調的方法復古。時下一般菜館的菜底味的調配是反傳統的（以搶喉作料味精作味的帶頭作用），「佛跳牆」的烹製可說是再反傳統。不過，作料分量的調配及火候分別處理不恰當，比如可獨當一面的作料過少，則香、鮮效果會大打折扣。

原始的「佛跳牆」，主要作料可能只是東坡居士的「無肉令人瘦，無竹令人俗」的豬肉與

▶引動凡思的佛跳牆。

筍。辦過《台南新報》，鼓吹革命的台南人連橫（字武公，號稚堂）的《雅言》中說：「佛跳牆，佳饌也。名甚奇，味甚美。福州某寺有僧不守戒，以豬肉、蔬筍、酒糖、醋納入壅中，封其蓋，文火燻之，數時可熟。一日，為人所見，僧惶恐，跳牆而逃，故名之曰『佛跳牆』，台灣亦有此饌。」

另一傳說：一羣士子攜食物烹具到鼓山旅行，在湧泉寺附近生火煮食，香氣四溢，有士子做了一首詩，中有佛跳牆三字，全詩還可看到，卻找不到是誰做詩。故「佛跳牆」的由來屬於不守清規的和尚，抑為士子的詩？仍是一個謎。

福建科學技術出版社刊行的《福建菜譜》新載，一罈「佛跳牆」的作料達十八九斤，味料也有味精三錢。雞鴨各一隻二斤半，火腿腱肉三兩，乾貝二錢半，花菇四兩，金錢鮑魚六頭。這些有鮮味的作料，還有上好醬油二錢半，已足夠支持十八九斤毛料的一罈「佛跳牆」所需的鮮美味道，再加上三錢味精，實在是架牀疊屋，但由此可見味精成為中菜烹調根深蒂固的味料，也是中菜烹調的味少藝術可言的主因之一。學名谷氨酸鈉的味精，一經高熱就變了對健康有損無益的谷氨酸二鈉，且失去鮮的效果。

據說台北名士楊佐仲烹製「佛跳牆」甚為到家。香港的「佛跳牆」雖有肉（火腿）和竹，可說借了「佛跳牆」之名，以鮑、參、翅、肚、火腿為主要作料。不過酒家樓製饌換錢，如依照傳統，只肉與竹，又誰肯花數百至逾千港幣吃「佛跳牆」呢？

三隻鴨胸肉做的紫蘿鴨片

「食不厭精，膾不厭細。」

這是《論語》〈鄉黨篇〉裏孔子講過的話。古人說半部《論語》可治天下，大概〈鄉黨篇〉也包括在半部之內？

今孔學家認為「子之所慎，齊、戰、疾，對衛生非常重視，謹慎飲食。第一要食物新鮮，第二注意烹調，第三是飲食有節。」至於「食不厭精，膾不厭細」跟衛生和慎飲食有甚麼關係，卻沒有交代。

另一今孔學家對「食不厭精，膾不厭細」則有這樣的說法：「糲米為粗，自糲以上皆為之精。膾，肉餅、肉丁、肉絲之類，切之甚細也。不厭者，不妨講究，合於衛生也。」

古孔學家對「食不厭精，膾不厭細」的說法又有三種：

(1)厭即饜，滿足意。孔子不以精米細切肉而始飽食也。
(2)厭，極也。孔子飯不極精，膾不極細而始飽食也。
(3)食精能養人，膾粗能害人。故食膾不厭其精細，謂以精細為善。

又一孔學家說：「孔子說過『士恥惡衣惡食，不足與議。』和『蔬食飲水』的話，因此認為第三說的『精細為善』不對。」

「不得其醬，不食。」

《說文》裏的厭字，饜也，百合也。《倉頡篇》則說「伏合人心曰厭。」《漢書・周勃傳》：「處尊位以厭之。」按「猶窮極也」注：「謂當之也。」這樣說來，則不厭精，不厭細可作不合精，不合細解釋，才符合孔子的「蔬食飲水」。但孔子講食又有「割不正，不食。不得其醬，不食。」的話，從字面解，切割等於廚師講究刀章，厚薄大小皆有其規格。日本賣雞泡魚（河豚）的菜館，劏雞泡魚的廚師要持有劏魚執照，且須經過考試，據說最重要的試題是：應試的當着主考面前把雞泡魚劏淨，又吃了若干，第二天也沒被我佛如來召往西天去，才可領取劏河豚的執照。雞泡魚是有毒的，劏錯會吃死人。香港雞泡魚甚多，沒見賣雞泡魚和吃雞泡魚的，就因雞泡魚會吃死人。二是長、短、厚、薄、大、細要切得合度。做菜館的廚師更要講究刀章，這與成本有絕大關係。從前北方館賣「涮羊肉」的，賺錢或蝕本，視乎切肉師傅的刀章功夫。切得厚的，可能會蝕本。在三藩市華廚訓練班當教頭的李燦熙，一隻維珍尼亞火腿切骨髀形的片，可做二十個大菜的「火腿拼雞」（金華玉樹雞），切得薄是其一，這位李教頭還懂得火腿的肌理組織，哪一部分該橫割，哪一部分宜直切，才不散、不碎。孔子不是靠弄刀鏟為活的，「割不正，不食。」是說做菜的割切不可馬虎。站在開飯館的說，就是「割不正，會蝕。」「割得正，會賺。」

「不得其醬，不食。」簡單說，一是不可囫圇吞棗。孟子說的「性也」二者之一的食，要吃飽和好吃是與生俱來的。這也是人與其他動物的顯明分別。吃草的動物，不但一輩子吃草，子子孫孫也吃草。吃牛世家的西人，有時也吃雜碎，更有吃上癮的。囫圇吞棗的吃，就有點暴殄天物和不講究吃的文化。

「色勃如也、足躩如也。」

孔子如生長在近代的「南蠻」地方，又活到古稀之年，一定吃過不用味精作味的「帶頭作用」，以粟粉調成黏醬的蠔油做的「蠔油炒牛肉」。偶然吃到蜆蠔混在一起，腥味很大。用三級蠔水、糖、鹽、味精、薑、粟粉造成的蠔油，用來炒牛肉，就是「不得其醬」的炒牛肉，吃得不過癮的「蠔油炒牛肉」。要吃炒牛肉，就不可用這種不倫不類的蠔油作調味品，如非用這種蠔油不可，就是「不得其醬」。

不厭精，不厭細解作不極精，不極細或不合精不合細，才符合孔子的「蔬食飲水」。如果把「食不厭精，膾不厭細。」和「割不正，不食。不得其醬，不食。」串連起來，則孔子又像清代的袁子才、近代湘南的譚延闓、「南蠻」的譚篆青和江孔殷太史，是講究飲食藝術的精食主義者了。

工農當家的「批孔」，認為孔子既主張「蔬食飲水」，注意飲食衛生是對的，但「食不厭精，膾不厭細。」和「割不正，不食。不得其醬，不食。」就值得批其一批。然而已被「水門」鬥倒的尼克遜，當年做過無產階級政權的訪客，不僅受到孔子所說的「色勃如也，足躩如也」的待遇，還吃了一頓為舉世報章爭載，遍尋美國中菜館所沒有的嘉餚。這頓嘉餚是如假包換的「食不厭精」，集合了大陸飲食的頂品和精品，只是數量上沒有陳閣老請乾隆皇，羅致漢人滿族最好的食物那麼多。一因訪客是美國人，有些東西是不吃或不慣吃的；二來吃的量和時間也不同。看過那張值得舉世報紙刊載的菜單，不能不承認是「文化之地」了。所謂山珍海錯，加上割得正，又得其醬，確是一頓「食不厭精，膾不厭細」的稀有嘉餚。

人民仍過着「配給」的飲食，用「食不厭精」招待「美帝」訪客，似不合「蔬食飲水」的原則。或曰：為了「中美傳統友誼」，即使用飛機從海南運幾個鮮椰子來做菜又算得甚麼？何況這與文化交流及宏揚食藝有關。

偉大的割烹藝術家

《鄉黨篇》所記孔子的公私生活，可說是身教而不言教。以吃來說，「蔬食飲水」等於青菜豆腐的清淡生活。但孔子遇「有盛饌，必變色而作」。盛饌是做主人的盛設請客，但饌字也可以解作祭神拜鬼，先敬鬼神以三牲甚至是金牛金豬。孔子「必變色而作」，禮也。另一方面也暴露了「性也」二者之一的食的反應。孔子是人不是神，官能健康而又沒有甚麼禁食或忌食的規限，「食指動矣」在所不免。有過好好壞壞的吃經驗，對飲食並非日日年年都「蔬食飲水」。「蔬食飲水」是「食不合精」，「必變色而作」時又講究「割不正，不食。」從「莫不飲食也，鮮能知味也。」一句推敲，再加上不厭精、割不正研究，則孔子如果生在今日，又在美國靠弄刀鑊糊口的話，想必被美國食客譽之為偉大的烹調藝術家。

今之大亨，老細或「發家」，食而能知味者固有，一食萬金的更多，曉得如何才是「割得正」或「得其醬」者究竟有幾人？

「割不正，不食。」「不得其醬，不食。」話雖如此，相信孔子也是因時、地、人而有所不同的。

如社會主義底超越社會的二兩油、一尺布底「配給」等於「蔬食飲水」的生活，使尼克遜也「變色而作」才吃的菜，就是違反「蔬食飲水」。為了「勾結美帝紙老虎」抑為「鬥倒美帝」而設此，則非所知，各國報紙騰載的盛饌款待民選的「洋君」，不外是藉公共關係，以利人為手段，利己為目的。原來「批林批孔」，社會背景並不「紅」而做了工農當家的，也會學習孔夫子的「山梁雌雉，時哉時哉！」

為美西防癌會籌款，江太史女孫獻珠女士，以家傳食藝結四方之緣，其中的「南蠻」夏令菜「紫蘿鴨片」，作料是鴨片、子薑、新鮮菠蘿。但江女士深懂美食與精食之道，用了三隻鴨的鴨胸肉切片來做，入口自比一般嫩鮮。相信江獻珠日常自奉，未必天天用三隻鴨胸肉做「紫蘿鴨片」吧？似乎又是孔仲尼底「山梁雌雉，時哉時哉！」

奧羅夫王子

燒小牛脾

台灣可說是個漁農之鄉，民豐物阜，吃的卻不如香港多姿多彩。扶桑三島遊客，近三十年到香港吃「大滿漢」超過三十次，在台灣吃「大滿漢」則前未之聞。

由於朝野的重視，台灣旅遊業的發展，大有一日千里之勢。。酒店的新建、飯館的開設，今仍方興未艾，台灣值得遊的名勝和覽的文物不少。

香港的吃喝，十九自外輸入，傳統的、新的、各式各樣的「吃的民族」底吃喝，又頗為多彩多姿。有山有水的台灣，是個漁農之鄉，「吃的民族」的吃喝不但豐富，且有大量輸出，但是見而悅之、食而甘之的吃喝，又似不及距台北空程一小時的香港多。一九七七年十一月，東洋影視界人物付出十萬元港幣吃「大滿漢」；一九七八年一月，法國美食家名廚吃了四席五千元港幣一席代表中國各地的菜餚，為甚麼不到台灣而到香港去？大抵以「西學為體」的香港，「吃的民族」的吃喝文化的枝葉還相當茂盛。

東洋客每年到台灣觀光的旅遊節目，其中常有修補牙齒一項的安排，兼吃一頓「大滿漢」的，則前未之聞。重視旅遊業發展的台灣，供應遊客的吃喝，幾無不具備，惜乎屬於傳統的、藝術的吃喝不多，致東洋或西洋客為吃喝而到台灣的較少。台灣的吃喝雖豐盛充足，對外來遊客具吸引力的則有限。

台灣還沒有「大滿漢」

清代最豪奢的「大滿漢」，應否像帝制一樣予以埋葬是另一回事，但其中屬割烹技藝的，該當保存和予以發揚。近二十年，西方食壇最吃香的反傳統法國菜，拿過國家元首獎章。最出名的反傳統派廚師廚王保羅‧布駒士（Paul Bocuse）暨反傳統派廚師同道對傳統的法國割烹學問，都下過「溫故」的功夫然後「創新」。「吃的民族」的吃的文化如要發揚光大，「溫故」是不可免的。香港會做「大滿漢」，不僅有這份菜譜，還有見過吃過做過的人物。在台灣，要找「大滿漢」菜譜不難，為這種豪奢筵席弄幾個「美食不如美器」的簋或鼎，甚至新潮的鋼鐵盛具，也甚為容易見過吃過「大滿漢」的「遺少」還會有，唯作過這種筵席的廚師似不易求。

香港同台灣都有發展旅遊業而設的組織，假如有東洋或西洋旅遊團，委託台灣的觀光組織代為安排一席「大滿漢」或代表各地的名菜，後者容易代辦，至於前者就可能要婉拒了。

一席代表出名的地方菜，香港的做得好抑台灣的好？同時嚐兩個地方的，也不易論定，因牽涉的問題很廣。屬刀、鑊、鑊方面的，可能各有千秋；菜餚的名稱，相信台灣較為弄得眉目清楚。如香港的「大內麒麟熊掌」，台灣則不會以「大內」作地方名稱，叫做「大內」的地方有好幾個。孟夫子誕生前已有了吃熊掌，五十年前開封大菜館的櫃架，已可見到弄乾的熊掌，看來熊掌是河南菜。香港的「杭州教化子雞」，台灣會把杭州二字易以常熟。香港人百分九十以上雖為炎黃子孫，但香港很多方面是「西學為體」的，則菜餚名目的馮京作馬涼也不足為怪。

反傳統派的法國菜

一九七七年十一月，東洋客到香港吃「大滿漢」是為了製作電視節目。一九七八年一月，法國美食家和名廚在香港吃喝屬於「吃的民族」的，似以文化和藝術為前提。就這個為吃喝而來的團體名單看，來頭不少，其中多為反傳統派廚師，三星級的已佔其四，較為年輕的，卅八歲的艾倫・山達倫斯（Alain Senderens）也許合當交運，自港返法後，他自己經營的菜館（L' Archestrat）獲米芝蘭協會評定為三星級菜館（見三月廿日《新聞週刊》）。另一位三星級廚師米查・吉拉德（Michel Guerard）在若干年前似同廚王保羅・布駒士一起到過東洋獻技，在香港的美心餐廳也亮過相。廚王與米查・吉拉德同是反傳統派法國菜的先進，都著有新食譜。

反傳統菜的割烹是以 Low High Cuisine 為原則，這句話的意思是說：用低的脂肪、糖、酒、調味品做成高風格和高度享受的菜餚。傳統法國菜的割烹，不少架牀疊屋的做法，且用多量的脂肪、牛油外加芝士、糖、酒、調味品等弄成濃膩的汁。反傳統派的不但少用脂肪、糖、酒、香料等調味品，主要作料也選合季節的、活的，新鮮的；冷藏的和罐頭作料則盡量少用。貴為廚王的保羅•布駒士，每天仍親到魚菜市場選購合季節的、鮮活的做菜作料。「海草鱸魚」是廚王的名菜之一，非鱸魚的季節，就不賣鱸魚的菜。原尾魚鮮割烹以後的脊骨還有血色，碧綠的菜蔬弄成菜餚以後仍是原來色澤。以魚鮮及菜蔬來說，反傳統派的割烹頗像重視原味、鮮、清的廣州菜。

反傳統派的法國廚師，到香港去吃喝「吃的民族」的，大前提卻不是為了口腹之慾，而是想了解吃喝的文化和知道更多的割烹方法。代辦這次吃喝的香港旅遊協會，是否因時間所限，難作周詳的安排？如五千港元一席的盛筵，放置食桌上的菜譜，把各個菜的出處、沿革、所以成為名菜等都印在裏面。如教化雞原是叫化子偷人家的雞，躲在廢墟裏，用瓦礫作刀殺之，又把濕泥密封然後烤之……。又如「麻婆豆腐」的始創者陳麻婆是溫家七小姐巧巧，是芙蓉如面柳如眉、隆胸蜂腰盛臀加上三寸金蓮的麗人，美中不足是粉面上有幾點麻子，于歸陳家後，夫婦很恩愛。後來做了寡婦，小姑淑華其後也離老家投靠寡嫂，相依為命，賣肉末豆腐（陳麻婆和小姑去世以後才有「麻婆豆腐」之名）以維生計，又如何成為名菜……。三星廚師要是先看過「教化雞」和「麻婆豆腐」的故事後才品嚐，可能又另有一番滋味，也是香港旅遊的好宣傳。

「佛跳牆」與「一品鍋」

原是福州菜，曾盛行於台灣的「佛跳牆」，而今又成為香港的名菜。香港「佛跳牆」的作料，與清中葉乾隆以後盛行江北江南的「一品鍋」的作料大致相同，割烹方法不外一個煨字，從前可用作送禮的席菜。香港出現「佛跳牆」，似是股市有升沒降的一年，吃喝方面肯花錢的多，飲食界的聰明人溫故而知新，從「一品鍋」譜加減些作料，名之為「佛跳牆」。「佛跳牆」要弄得好，脫不了架牀疊屋的方法，可與名滿歐陸的法國傳統名菜「奧羅夫王子燒小牛脾」(Selle de Veau a la Prince Orloff)的架牀疊屋的割烹爭短長。奧羅夫是十八世紀中業俄國王子，愛吃燒牛脾，卻討厭臊的氣味。巴黎的法國廚師奧賓・杜邦(Urbain-Dubois)卻有辦法把小牛脾的臊味弄去，奧羅夫王子甚為欣賞，後來且僱用奧賓・杜邦到俄國做他的廚師，還把沒臊味的燒小牛脾加上他的名字。這個小牛脾的做法，先要把小牛脾若干部分割至見骨，然後釀進洋葱、乾葱、野菌等副作料和調味品，才放在爐裏燒，這與「佛跳牆」的若干作料，經過先後和不同火候的處理一樣的架牀疊屋，反傳統派的法國廚師並不欣賞架牀疊屋的割烹方法。如果弄一個比小牛脾臊味更大的「紅燒七間貍脾」，而又用不着把貍脾割至遍體鱗傷和釀進多量副作料及調味品，一經啖嚼又沒有臊的氣味，則三星級法國名廚，對中國割烹技藝的巧奪天工，或會感到驚詫？

伊呑與粵式餛飩麵

「伊呑」兩個「雜碎麵」。

食客十居其九是美國食客的菜館，會常聽到「企枱」仁兄或仁姊在傳聲機前說的話。那是向廚房報告做兩個「伊呑」，兩個「雜碎炒麵」。

仍居住在薛平貴未發跡前的土窰者外，在自由世界生活的，多知道「雜碎炒麵」是一種食物。至於「伊呑」，沒到過太平洋西邊的，可能不曉得唐菜館有「伊呑」這種食物。即使在美國，吃過很多「伊呑」的，雖曉得「伊呑」就是餛飩，俗稱的「雲呑」，但「雲呑」何以又叫做「伊呑」，不大清楚的很多。賣「伊呑」的菜館如有中文菜牌，多寫「伊呑」，寫「依呑」的少見。可知「雲呑」叫做「伊呑」的伊字有所本。

賣「伊呑」的菜館，也賣「伊呑湯」和「炸伊呑」。「伊呑」是十至十二個「雲呑」一碗的淨「餛飩」，湯以外有些葱花。「伊呑湯」是兩個或四個雲呑，有湯，加些葱花。這是食客吃雜碎全餐中的湯菜。「炸伊呑」等於香港的「錦滷雲呑」。

「雲呑」稱為「伊呑」，源出「伊麵」。「伊麵」原來叫做「伊府麵」，是清代做過知府的姓伊的創製。姓伊的是福建汀州人，名秉綬，對飲食很講究。用蛋和麵粉弄成的麵條，用油炸之，這種麵條的做法與普通用水弄成的有別，因是伊知府創製的，就稱之為「伊府麵」。

「伊府麵」是炸過的麵條，麵條很多小孔，所以炆伊麵或燴伊麵的麵條也有鮮味，因鮮味易於滲入麵條裏。最上等的「伊麵」是炒的做法，把「伊麵」用慢火煎至兩面黃，不用任何麵碼（雞絲肉絲等），麵上只放一些韭黃或芫荽，吃來甚香鮮。所以鮮，就是麵條裏邊的鮮味。時下流行的味精湯用來炒伊麵，同樣有鮮味，有些人還喜歡味精的「搶喉」效果。肉的鮮味是不會「搶喉」的。該如何才好？這看各人的味蕾如何裁判，別人是難以解答的。

餫飩是渾沌夫婦創製

舊金山有一家古老菜館新杏香的「炆伊麵」做得不錯，至於炒伊麵，則香港菜館也少見，舊金山更難一嚐了。從前香港大同酒家的「鴨汁炆麵」，確是一個美味可口的麵食，也吃出鴨汁的味道。美國長島鴨和加州鴨很出名，至今還沒聽說有賣「鴨汁炆麵」的菜館。美國唐菜館不賣「鴨汁炆麵」並非廚師不懂得如何炆，而是這類食客不多，與成本也有關。

「炸伊吞」是美國食客愛吃的，如果說美國食客會欣賞「伊吞」，毋寧說是欣賞「伊吞」的甜酸味。

「炸伊吞」的「伊吞」多是用水皮雲吞皮做的，入口要脆而酥，還得用伊麵同樣的蛋麵皮，不是蛋皮的「伊吞」脆而硬，吃不出酥的。

「伊吞」或「雲吞」是古已有之的小食，原來叫做餛飩。南北朝的顏之推說：「今之餛飩如偃月，偃月即半月形，俗名餃子，北人多食之，或蒸或煮，南人多食餛飩。」《通雅・飲食》中說：「餛飩出諸渾氏沌氏。」渾沌是一對恩愛夫妻。以方塊麵皮包餡，煮熟後吃的食物，稱為餛飩。據說是後人為紀念他倆而名之。至於南北朝的顏之推說今之餛飩，俗名餃子，很值得懷疑。餛飩與餃子同是麵皮包餡的食物，餃子的皮是圓的，餛飩的皮則為方形，包餡後的餛飩也非形如偃月。顏之推是山東臨沂人，常吃餃子，會知道南人多食餛飩，卻不一定到過南方和吃過南人的餛飩，致有俗名餃子之說。《百家姓》中渾姓沌姓都有，據說渾沌的後人去水改為屯姓，三國蜀漢有尚書屯度，則餛飩出自渾沌氏可信。始自何時？要請史家交代了。

餛飩既屬古已有之的食物，自是各地都不缺，形式與內容也大同小異。惟粵式的餛飩外在雖同其他的一樣，內容卻不同，甚至稱為餛飩麵的麵條也同其他省份的有所不同。早期美國經營「雜碎館」的雖多為粵人，但「餛飩湯」的餛飩和湯都非粵式。正宗粵式的餛飩和湯都會吃出大地魚的鮮味。自從中國移民增多以後，賣粵式餛飩才逐漸多起來。

粵式餛飩有大地魚味

粵式的餛飩有水皮、蛋皮和半蛋皮的，入口都有爽脆帶韌的效果。因這種麵皮加了鹼水製作。餡的主要作料是淡水鮮蝦，配上用刀切細、多瘦少肥的豬肉，烘香的大地魚粉。熬湯則用黃豆芽、豬骨、連頭的蝦殼、大地魚、蝦子（蟚蜞檬）、生薑。薑是用來去豆青味和魚蝦的腥氣，而沒蝦頭不夠香，少了大地魚則少濃鮮味道。

粵式麵條也一樣入口爽脆帶韌，多些火候則滑潺而黏的則非粵式麵條。所以要吃爽而不黏滑的麵，則因氣候影響。位處亞熱帶的廣東，濕度高而又悶熱難耐的季節，每年都不能避免。人處在氣壓低而又酷熱的環境下，食慾會受到影響，美好的食物也不一定可引起食的興趣。至於味道淡薄、吞進嘴巴裏面又潺又黏的食物，很難有「食指動矣」的反應。像上述的粵式餛飩、麵和湯，二十世紀的三十年代以後已不多見，尤其香濃的鮮湯。

沒有淡水蝦的地區，賣餛飩的改用海蝦，但鮮、爽都不如淡水蝦。以美國來說，有些地方如舊金山，可用淡水蝦做餛飩餡的。不過，連頭尾計長度不到二英寸的淡水蝦，剝了殼後才可用，時間同工錢的支出，打不響生意算盤，明知效果好，也只得用急凍的海蝦。自從味精發明後，賣餛飩的已不再用傳統的作料和方法熬湯，用了味精作味的「帶頭作用」的湯，如有少許肉和大地魚的味道，已屬不可多得的粵式麵湯了。

英文菜譜不用 Noodle

麵條的製作，如依傳統方法，就有爽、脆而帶韌的效果，但經過口腔裏的觸壓覺接觸，冒出麥香的，「食在廣州」的時代（民十前後）已屬難得，何況其他地方。原來有麥香的麵條，從前是用土麵做的，有了洋麵以後，都用洋麵做麵條。潔白的洋麵沒有麥皮的，故粵式麵條也不比從前的可口。

在美國上中菜館，如有英文食譜的，會發現麵類食物的麵字不是 Noodle 而是麵的譯音 Mein。這不是開菜館的既會弄英文菜譜不懂得英文的麵字，而是過往吃過 Noodle 的官司。

故老傳說多年前曾有過這麼一回事：一個美國老太婆在雜碎館吃了「雜碎麵」後腹瀉不止，進了醫院經過檢驗之後，發現 Noodle 有問題，含有蛋質和鹼。叫做 Noodle 的，是麵粉和水弄成，不含其他東西的，因此吃官司。其後賣雜碎的索性稱之為 Mein，以示有別於 Noodle。

早期美國開雜館的粵人賣的「餛飩湯」的餛飩和湯都非粵式。粵式的作料供應不易而價貴，加上工值高，要吃粵式餛飩的食客不多。近年來美洲的移民大為增加以後，於是由美至加也多了賣粵式餛飩的食店。就所知，還是加拿大溫哥華有一家做得較好，單是煮餛飩就要兩個人負責，這是美洲少見的，由此可推想其客似雲來的景況。而他們做的餛飩、麵和湯，都有較好的粵式水準。

歐洲餛飩麵多粵式

餛飩這種東西，開始問世即注定為普羅列塔利亞階級的食物。美國的粵式餛飩的水準遜於溫哥華的，受了成本限制。

西歐荷蘭阿姆斯特丹的唐人街和倫敦的唐人街，中國菜館不少，賣粵式餛飩的很多。一般的水準比美洲的好，則由於在英、法、比、荷開菜館兼賣粵式餛飩麵的，多為粵籍的東莞、寶安或香港人，慣吃粵式的餛飩麵，會做粵式麵皮麵條的較多。

廣東之有餛飩，可能傳自三楚館。清末至民初，兩廣有好幾個城市有賣餛飩的三楚館（自淮北、沛、陳、汝南南郡為西楚，彭城以東東海、吳、廣陵為東楚，衡山九江、江南、豫章、長沙為南楚），抗戰以後則不再見三楚館。創製餛飩之渾沌氏生長的地方，也有可能是三楚。粵人愛吃爽口餛飩，與氣候有關。珠江既是水鄉，也靠近洋、海，水產很多，曬乾的大地魚供應方便廉宜，做餡做湯有這種作料當然可口，慣吃了就形成餛飩中的粵式。

學術圍牆裏邊，如有完整的烹飪學系，研究起來，粵式餛飩的製法已可寫一篇洋洋萬言的論文。如何賣餛飩，又是另一門學問。煮餛飩的爐鑊，為何要設置在店內人人可見的入門處？在廚房裏邊煮餛飩，豈非多了吃餛飩的座位？此中自有道理。香港九龍尖沙咀的翠園酒家是高級菜館，設置頗幽雅，但煮餛飩的爐鑊，卻設置在食客全見到的食堂當中，可說深諳賣餛飩的秘奧。

「雞子戈渣」與鍋炸

一九三二年以後到四零年前，香港做包辦筵席的，做一桌魚翅席或乳豬席不過是三十多到四十港元，當時流行的席菜是二熱葷六大菜，「八珍豆腐」是最普通的熱葷。

五十年代以後，「八珍豆腐」已不為大多數食客歡迎，可能是吃膩了，或者嫌「八珍豆腐」裏不特沒有一珍，甚至全不沾豆味。美其名為八珍的豆腐，不過是有味精味的粟粉糕切成骨牌形，再蘸粉炸之至焦黃，外酥內軟，毋須牙齒大力勞動即可嚥下的食物。

包辦筵席的，開菜館的，都有以水變財的計劃，弄幾個看來沒錢賺的甚麼菜或在工料上弄手腳以廣招徠，至為尋常。其實並無一珍是「八珍豆腐」，就靠一個珍字成為可作為請客的熱葷，工料的成本是很低的。

「八珍豆腐」流行以前，廣州菜的「雞子戈渣」看來同「八珍豆腐」差不多，且曾是江孔殷的「太史第」名菜之一。

「雞子戈渣」的雞子並不是雞蛋，而是「一鳴天下白」的公雞，做太監前「淨身」時從體內取出的腰子，把腰子的薄衣去了，加進其他作料弄成糕後，切成像骨牌的形狀，再蘸乾粉炸之至焦黃，是外脆裏嫩的美味食物。

一個九寸碟的「雞子戈渣」，要用超過二十隻公雞的腰子弄成，作料成本既不廉宜，沒味道的腰子弄成好味，要靠很濃的鮮汁。東洋的味精沒有輸入中國，和中國人不懂得製造味精以前，用肉類弄成的很濃的鮮汁，要花不少錢，故就工料說，「雞子戈渣」在清末民初成為席上珍品，不無道理。

大男人主義的恩物

還有皇帝管治的時代，官宦與豪門視姬妾滿堂為理所當然。為了「公關」的目的，還有「送妾」這回事。為了自娛和娛姬妾，大男人主義時代的大男人，不得不在食物藥品方面尋求在閨房裏邊稱王道霸之方。「雞子戈渣」所以成為名菜，工料的分數之外，佔最多分的是據説常吃多吃「雞子戈渣」可「夕御數女」。這種既富荷爾蒙，也多膽固醇的熱葷，權貴豪門吃得眉開眼笑，口腹之慾而外，還使閨房裏邊增加歡娛。

雞腰在舊金山是買不到的，但食補的流風餘韻也傳到金山，十多年前，有人弄「雞子戈渣」請客。如果有像上述很多雞子做的補菜，被請的客人願意陪末席的會佔大多數。

「雞子戈渣」後半部是炸的做法，粵語該叫作「鍋炸雞子」或「雞子鍋炸」的，原是江孔殷的「太史第」名菜之一。大概是滿人或不懂粵語的外省人吃過「雞子鍋炸」，廣州人誤為「戈渣」，後來菜館寫菜單的也寫了「雞子戈渣」。粵語沒有「戈渣」一詞，也沒戈渣這種食物。

鼎鼐雜碎

貳：飲食因緣

二等公民陳香梅與芙蓉蛋

「為美國的中國人默默而戰的鬥士」陳香梅，自說是美國二等公民。

炎黃子孫的陳香梅女士，太平洋兩岸認識她的人不少。提起當年的飛虎英雄陳納德將軍，不認識他的也知道陳香梅是甚麼人。

陳香梅歸化美國已很久，竟自認是二等公民？依她所說，即使在美出生的炎黃子孫「土紙」（稱土生華僑為土紙），也列入二等公民了。

陳香梅一次在華人團體會議中致辭時說：「華人進入決策階層以前，仍是二等公民。」她感慨萬分的說這句話。又說：「我們不可藉會弄『芙蓉蛋』掙得幾個錢而沾沾自喜，該走出廚房，進軍政壇。我們必須獻身政治，確保我們的利益。」

陳女士的話說得好！不過美國少數民族的炎黃子孫，要進軍政壇，還得「集股」。這些股本不是電算機可以計算出來的力量，這種力量來自團結。古語說：「聚沙成塔，眾志成城。」把沙聚起來，眾志成為一，還得把甚麼總理即省長，甚麼主席即縣長，甚麼委員就等於「騎在人民頭上」、「千里為官只為財」的官底傳統觀念換了新的，才可把志成為一，散沙聚起來成塔。

陳香梅是否會做雜碎館的「芙蓉蛋」則不得而知，美國人上雜碎館愛吃「蛋芙蓉」卻是事實。惟芙蓉是甚麼？美國人是不曉得的。雜碎館菜牌的芙蓉是譯音，美國人說「芙蓉蛋」即是「蛋芙蓉」。

「芙蓉蛋」也好，「蛋芙蓉」也好，來自唐山的炎黃子孫，「土紙」和「竹升」外，上雜碎館吃「芙蓉蛋」，偶一為之是有的，常吃愛吃雜碎的「芙蓉蛋」的卻是少數的少數。由此可推想雜碎的「芙蓉蛋」是怎樣的嘉饌了。

「芙蓉蛋」的芙蓉就是古人筆下「芙蓉如面柳如眉」的芙蓉，屬錦葵科的植物。把麗人的面比擬芙蓉，以古人的美的尺度說，是又嫩又滑，白裏還透出胭紅。「芙蓉蛋」其實是炒滑蛋，為甚麼要加上芙蓉襯托，這是文人墨客和飲食史家才知道。

炒蛋加蝦仁就是「蝦仁炒蛋」（蝦仁要先炒過），加乾貝就是「乾貝炒蛋」。炒蛋要滑要嫩，固要講究炒的火候，炒之前還要加油在蛋裏拌勻，味也是炒前加進去。在美國要吃炒滑蛋，還要加入少許古月粉。美國雞蛋同雞一樣，腥臊氣味很濃，加些古月粉的作用是把臊腥氣味趕走。

李香琴愛吃的翅煲雞

粵諺云：「天上雷公，地下舅公。」無論雷公或舅公，同樣使人懼怕。

古老傳說，好話說盡，壞事盡做的，會招致五雷轟頂而嗚呼哀哉！

遭雷殛的東西，地球上確不少，科學家還未找出雷的道理以前，不少人相信天上有雷公。中國雷神的塑像確也「勢兇夾惡」，手持的兩件東西便是可殺人的利器，因此有人聽到雷聲就驚恐起來。甚麼都不怕的頑皮小孩，有時也怕雷公。把天上雷公與地上舅公相提並論，原因之一可能是有些孩子也怕舅公。溺愛兒女的母親不肯責罵兒女，舅公對外孫的行差踏錯，有時很不客氣，故有些孩子對舅公往往遠而敬之。於是小孩子心中，「天上雷公，地上舅公」同樣怕怕！

美國的地上雷公不少，有唐人街的地區，會常聽到有被稱為雷公的。原來氏族團體的溯源堂是雷、方、鄺三姓組織，姓雷的較多。耳順之年的，即使友好，也尊稱之為雷公。

年逾古稀，望之猶似未過花甲的香港雷公寄雲先生，最近也來了三藩市。

這位詩壇上有名的雷公，雖從沒說過自己是個食家，對食的講究精微，實不在任何食家之下。他說：「三藩市的好處不勝枚舉，唯一個食字，以唐山口味的尺度衡量，個人就不大習

▶陳夢因名菜清湯翅。

慣。腥的雞，臊的肉，怎可稱為美味？」據説，三棲動物李香琴小姐在三藩市吃過的「雞煲翅」，連煲翅的雞肉也食而甘之，可能性不大。

李香琴吃過認為美味的雞煲翅，是三藩市一個「南蠻」請她吃的。因把雷公的話就教這位「南蠻」，「南蠻」説：「雷公的話一點不錯，但雷公不曉得李小姐吃過的『雞煲翅』其實是『翅煲雞』。」

「雞煲翅」是古已有之的菜，「翅煲雞」卻聞所未聞。

雞煲翅與翅煲雞

古老的「雞煲翅」的鮮味由雞而來，做稱為「雞煲翅」。但如今的「雞煲翅」，就算在香港，用農場雞做的「雞煲翅」，假如不放進一些「秘密武器」（味精）在裏面，也不見得味道很鮮。快高長大的美國雞，即使用到五磅光雞做「雞煲翅」，臊、腥的氣是很重的。李小姐吃過的「雞煲翅」，所以稱之為「翅煲雞」，據「南蠻」説，是另一隻雞，加若干維珍尼亞瘦火腿和去腥、臊的東西，先熬了濃湯，熬過湯的渣滓全不要，再把這些濃湯煨好了魚翅。在「翅煲雞」裏的雞，是吃之前半小時加進翅裏煲熟的。用濃的鮮湯煮熟的雞，不但原來的雞底鮮味仍保存，還加進另一隻雞和火腿的鮮味，所以名為「雞煲翅」的雞肉吃來好味。李小姐吃過的「雞煲翅」，可以説是「翅煲雞」。唐人街知名人物劉昌歧先生，當時與李小姐同席，也吃過「翅煲雞」的「雞煲翅」。

在美國，「雞煲翅」如依古方炮製，吃來嚐不出好的鮮味，一定要用「翅煲雞」的方法做的「雞煲翅」，才有「食而甘之」的效果。

十人吃一煲「雞煲翅」，每人要是吃三安士又軟又滑的魚翅，一九七四五年作料費要四十美元。吃「翅煲雞」的「雞煲翅」，起碼超過五十元。七十至一百元的所謂「魚翅席」，夠斤兩的「雞煲翅」也吃不到。翅身軟滑又好味的，賬單上面如不多加數目，就等於緣木求魚。

常聽到食客批評某酒樓的魚翅做得不好，某菜館的「雞絲魚翅」要表演大海撈針的招式才吃到魚翅，卻不説做主人的過於知慳識儉，把菜館或廚師作代罪羔羊是不公平的。

特級廚師

柳進林

為了創製東北菜系，三進瀋陽故宮，翻查飲食典籍求證。敬業精神，堪作廚林典範。

近四十年半途出家的廚師，讀《食經》、菜譜、逛書店、進圖書館找與飲食有關資料的不少。至於「紅褲」或「料班」出身的職業廚師，為了打發日子，肯翻一下與割烹有關的書刊的人是有的，為了廚藝更上一層樓而多翻書刊的卻不多。飛刀弄鑊的工作過忙，也是原因之一。如七十年代，美國某地一家中菜館，以極高待遇在舊金山恭聘兩名廚師主理廚政，老闆娘且答應替兩廚師洗滌衣服，當是一份相當不錯的職位，但這兩位名廚，只幹了一個月，便辭職返舊金山。人問高薪工作何故不幹？廚師説精神體力吃不消。

刀鑊爐鑊以外的知識

太平洋兩岸，從事菜館事業有相當資歷的經理或廚師，嚐過像當年拿破崙的滑鐵盧戰場上的滋味，大有人在。主因是刀、鑊、爐、鑊底以外的知識，跟不上變化太多太快的世紀。

其實也同少了張眼孔耳孔不無關係。年前上海九名廚師在美亮相廚藝，被有名的西人專欄作家俠京批評，說上海廚師弄的菜的確是「中看」，卻不「中吃」（直到一九八一年十一月，大陸廚師到外亮相廚藝，依然把烹調重點放在「看菜」方面，菜餚的內涵功夫還是不大講究）。一九八一年北京十五名廚師東渡扶桑賣藝，趁過港之便，亮相七十年前已「名滿京華」的廣東名士譚篆青的「譚家菜」。但是習慣吃大葱大蒜的廚師，連「南蠻」的家常湯菜的「蓮藕煲牛白腩」、「西洋菜煲豬踭」的湯味也沒嚐過，竟敢在南蠻佔百分之九十以上的殖民地亮相「譚家菜」，直視「南蠻」不知「譚家菜」的真相和不懂飲食文化，其後果是不難想像的。假如有膽翻江渡海的大陸廚師，知見的範圍稍為廣闊一些，則不會在資本主義的社會弄菜，被戴上一頂「中看不中吃」的帽子。

一竹篙不能打一船人，大陸也有極好的廚師，其中如科班出身的柳進林，不僅多讀各種《食經》、菜譜，遍訪名師求教，還不厭求詳的再三到瀋陽故宮查閱同飲食有關的典籍，這種敬業精神是值得廚林人物學習的。在大陸的社會來說，也可作「既紅且專」的模範。

柳進林是遼寧省瀋陽市瀋河飯店的一級廚師，割烹技藝究竟怎樣？還不敢月旦，在匆忙中我雖嚐過他做的菜，只屬跑馬看花。惟就記憶所及，柳進林弄的對蝦的鮮香，就非在長春、哈爾濱、大連吃過的所可比擬。

創製第九系的中國菜

一九八一年五月三日，《遼寧日報》刊載該報記者顧孝源訪問柳進林的一篇文章說：「柳進林認為中國有京、川、湘、粵、蘇、豫、魯、皖八大系菜餚，由原料以至操作，皆各具地方風味，大都以本地的土特產為主要作料，弄出適合本地區人們的口味習慣的鄉土菜。東北土地廣闊，有山、海、江、河，土特產至豐；如猴頭菌、鳳爪姑、鹿尾、飛龍、犴鼻、虎腎、熊掌、雪蛤羔，早已被譽為東北八珍；既有豐富的作料，為甚麼不可創造適合東北人口味習慣的東北菜系，成為第九系的中國菜？」孕育了這個觀念後，柳進林在工餘之暇，開始作各種探索、研究，請教前輩、求證。經過兩年多的時間，居然弄出逾百種東北系的菜餚，已在食壇上亮相的約七十種。一九八一年香港楊志雲先生轄下的菜館賣東北菜，相信會是柳進林弄出來的菜譜。柳進林的東北菜，都具濃厚的鄉土氣味，如「翡翠牛肉」，是參照滿洲人習慣的香、味製作的。開菜館既可賺外快，瀋陽最近開了「宮庭菜館」做遊客生意，柳進林的「東北系菜」可大派用場了。

原是一級廚師的柳進林，創製東北菜系以後，組織上提升他為特級廚師。如果柳進林在「食在香港」的食壇亮相他底東北菜，要品嚐的食客相信也必不少。

香港飲食業的強人

陸羽的馬羣，操記的梁操，甄沾記的甄彩源

香港人提起陸羽茶室，多知曾主政的梁敬師傅底萬兒極為響噹噹，惟是講飲講食的文章，道及永吉街陸羽持牌人的，老拙還未有讀過。如果說，刀、鑊、爐、鑊的功夫，梁敬師傅確是個英雄，但一家食肆出品部以外的營業部門的主持人如不夠分量，也不見得會業務鼎盛，且享譽數十年。尤其是香港，近五十年的變化很大很多，則陸羽的持牌人馬羣先生也可稱為這個行業的出品部門以外的俊傑了。

香港食壇多變，永吉街的陸羽卻以不變應萬變。自裝置以至茶與點的供應，直到拆樓前，一樣保持「食在廣州」時代的茶室風格，這是香港人共知共見的。保持茶室的風格，似還未可稱之為俊傑。茲試說一二，未審可否作為俊傑的佐證？

大概是一九四七、四八年，有一天遇馬先生聊天，才知道陸羽的普洱茶購自一九三九年。以普洱為例，可知道陸羽對茶的選擇不馬虎。對茶有興趣的，都知道普洱茶越舊越好。

不少酒家茶室，對老主顧有「免茶」（免收茶費之謂）這回事。惟風雨不改，每天必到陸羽「歎茶」的舊雨新知，沒聽說道有過「免茶」的優待。所謂「水滾茶靚」，則陸羽一向保持「茶靚」。沒嚐過「免茶」的優待的，仍願作常客，一盅茶的物有所值，當然是主因之一。

十年後，馬先生有一天帶着興奮的語調告老拙，廣州出名點心的「山渣奶皮卷」的師傅已自廣州來了，現正在陸羽作試驗中。數日後馬先生又告訴我：「試用過香港所有的牛奶，沒法製出像過去廣州的、又甘又香的『山渣奶皮卷』。」就上述兩事看，試問馬羣先生可否稱為飲食行業出品部以外的俊傑？

甄彩源與薑粉

椰子糖可能是古已有之的食物，椰子雪糕則是歐風美雨東吹以後才有的冷品。經營椰子糖或椰子雪糕的不少，甄沾記可說是老字號了。飲食事業的成功者，經營得其方外，出品還須貨真價實。所謂真，且包括善和美的，否則難有百吃不厭的效果。

二十年前，甄沾記的東翁甄彩源先生漫遊北美，第一站在檀香山小住，當地友好設盛筵款待，做食品工業的還請甄先生品嚐該地的薑粉製品。甄先生試啖了些許，即道：「這些薑粉是連皮磨製，所以辛辣而帶澀。」友人大感詫異，且折服甄先生的辨味能耐。就我所知，甄沾記的椰子糖、椰子雪糕、芒果雪糕之所以多顧客，因椰子糖、雪糕及芒果雪糕，都有極濃厚的椰味芒香，近似鮮椰香芒的本味。香港製的椰子糖或芒果雪糕的椰與芒，各家全自熱帶地區輸入，但甄沾記的製品確富椰味芒香，這是甄沾記的秘密，這裏不必細表。但是，稍試薑粉便知是連皮磨製的，可知甄先生對味的物理、味的哲理，有過湛深的研究，則甄沾記製品之多顧客，還是一個味字做了「帶頭作用」。

如果說，甄先生不算是食品工業中的強人，其可得乎？

梁操是冬泳健將

四十年前香港東區的大餚館，為香港人所熟知的，其中之一為汕頭街（過去叫做汕頭里）的操記。

操記的老闆梁姓，籍順德，單名一個操字。早年業野雞車（即今之白牌車），是個很標準的肥佬。他是有名的冬泳健將，太冷天時仍穿一件白洋布單衫，黑膠綢褲，春、夏、秋三季則連白洋布衫也不穿，坐在櫃枱上直如活彌勒佛。熟客多以操記稱之，叫他一聲大肥佬，也不以為忤，且報你以一笑。

梁操先生改業大餚館後，也經過不少「大力鬥爭」。如初期賣燒滷不得其方，嚐過見財化水的滋味，知道自己還不懂得此中訣竅，便常到中環街市側的有名燒臘店門前「偷師」，細看站在高砧板後邊的賣手如何「低頭切肉，把眼看人」，致引起店中人懷疑此肥佬有甚麼意圖。

操記原本是一間舖面而又兼賣燒滷的大餚館，以薄利主義招徠食客。其後食客日眾，尤其夜間，不得不在門口也擺些桌椅，最鼎盛時擺在街邊的桌椅，幾佔了半條街。於是大餚館的操記，同時又是大牌檔——大牌檔的爐鍋也在街邊，並無廚房。

操記的成功，先天的條件由於他是精研飲食的順德人，早期親自動手的小炒，味道「鑊氣」未必比名廚差到哪裏去。彌勒佛的笑臉也予食客好感，「絕招」可能是深諳「人民眼睛是雪亮」的道理。如做掛爐鴨的光鴨，三斤才「夠身」，光鴨漲至每斤三元六角，三斤光鴨成本是十元八角，每隻賣十二元，毛利只得一元二角。味料、炭火、人工都包括在內，是無利可圖的貨物。眼睛雪亮的食客，開口點菜第一個多是掛爐鴨半隻（六元）或四分之一（三元）。又如揚州炒飯每碟賣一元二角的年代，雞蛋漲至每隻三角，操記為表明並無因貨就價，索性不煎蛋絲、每碟炒飯另煎一隻荷包蛋放在炒飯上面。

人說「創業難，守業更難」，就上述的幾樁小事看，則馬、甄、梁三位先生可否置身於飲食行業中的強人之列呢？

葉公超

想開二葉莊　以鴨湯麵作招牌菜

年來知名度極高的文、經、政、藝、杏壇人物駕鶴西歸或蒙主寵召的不少，火化或入土為安以後，還有大人物寫文章逾百萬字悼念的，就所見，還是以喜歡別人稱他為佐治的葉公超先生為第一人。

佐治葉曾活躍杏壇、文壇，中年以後又是政壇、藝壇人物，兼有一張嚐遍世界善啖好吃的嘴巴，也是食壇知名度很高的美食家。

由於多才，有人稱之為才人；在多方面又有卓越的表現，又有人稱之為奇才。多才而又是奇才，對人對事，有時免不了恃才傲物。但佐治葉的品質是真誠、寬厚、直率、樸實的，曾在葉家作管事多年的余阿玉說：「葉部長是很難服侍的人，他發脾氣時，會使人膽戰心驚，但我看見他賣東西接濟窮苦的讀書人，看見他幫助向他求助的陌生人，聽見他在電話中和人爭執，看見他言行如一。又曾聽他說過不用權術，是最高的權術。」多才而又是奇才的佐治葉是如此這般的一個人。退出聯合國是他離開外部以後的事，他知道這個消息後，曾在最高當局前大發雷霆，認為這一着是錯棋，至為痛憤！後來在國際外交途上遭遇的荊棘，足證佐治葉看對了。這種直率，有點像古代的「死諫」，也正是外省人說的天不怕地不怕的廣東精神。

學書又舞劍的佐治葉，生長書香之家，自小已養成一張善啖的嘴巴。台北賣海參的菜館，最少超過百家，佐治葉卻偏愛曾做過台山縣長之順德有名美食家陳子和烹調的「紅燒海參」。吃尖了的嘴巴，而又愛啖好吃的，第一個要解決的，甚至第二第三個要解決的問題，也離不開一個錢字。但曾是一品大員的佐治葉底宦囊不豐，掉下烏紗帽後，「阮囊」有過多次的「羞澀」，先後寫過對聯送林伯壽、黃朝琴，為的是藉此作將伯之呼。

儘管是個奇才，窮時便會想到變，佐治葉也不免。他同主持過台北中央通訊社，也講究飲啖之葉明勳先生，計議過開一爿賣鴨湯麵及下酒物的食店，這是他離開外部以後的事。以「二葉莊」作店名，且選定南京東路與吉林路間之空地為店址，並設兩個門口，一賣鴨湯麵，一賣他自己的字畫。這個計議後來為甚沒成事實？則非所知。

「二葉莊」竟敢以鴨湯麵作招牌食品，則鴨湯麵的製作，「二葉」必有其百吃不厭的絕招。如果這爿店開成，以近二十年台北的繁榮而言，也撈到盤滿缽滿了。可是多才的佐治葉，才裏面偏偏缺少了一個經字；這個學書學劍的房師，也少學了「圓通」一科，否則仕途或不至於不得意，風流倜儻的生活也可過一輩子。佐治葉寫字作畫常用「公超長壽」的圖章，還可繼續在字畫上面蓋若干年。

如今佐治葉也作了古人，陳子和先生要弄「紅燒海參」，少了一個善啖好吃的食客欣賞了。

香港人吃

金山河粉

如果飛機的速度將來會變成孫悟空，一個跟斗打到十萬八千里遠，航空貨運的價錢當可大為低減，像海運的儎腳一樣，則舊金山的新鮮沙河粉會運銷香港給香港人吃。

舊金山的沙河粉製法源出廣州或香港，如今，舊金山的沙河粉會在香港出現，真是難以置信。

信不信由你，也不由你不信。事實是：「一味靠滾」的香港「駱駝牌」水壺廠波士梁祖卿先生（一九八三年十月蒙主寵召）是個出名的食家，他的少爺小姐每次度假，自舊金山帶去香港，孝敬雙親的「入門笑」必有舊金山沙河粉。

梁先生一再來過美國，吃過舊金山的沙河粉多次，認為比香港的嫩滑而夠米味，於是吃上了癮。他的少爺小姐回去香港就帶了舊金山的沙河粉敬親。

沙河粉是米漿做的，實在沒甚麼「古方秘傳」，磨米的功夫，香港更不比舊金山差，何故舊金山的沙河粉比香港的嫩滑而夠米味？問題就在一個米字。原來美國的米既沒有米碌，也沒有陳米，種類雖不一樣，做沙河粉的，全用一級好米。怪不得比香港的嫩滑而夠米味。

香港人大部分是吃米的，但香港不產米，所吃的幾全由外地輸入，各種米都有，美國米也有，更有米碌和陳米。製沙河粉的，為了成本關係，不會用到一級油粘，這是香港沙河粉不及舊金山好底主因。假如飛機儎腳像海運一樣，則金山大埠的沙河粉每天由西邊運到東邊給香港人吃，並非無可能。將來如果真的會實現，則稱為「大豆王國」的美國，又增多一個沙河粉王國的銜頭。

近舊金山一個城市，一位阿姆最近在家以「豉椒炒牛河」請客。十多個客人有老有嫩，連家人計，幾達兩打之數，阿姆用雙手弄近兩打人的吃，該是很忙的。惟是這個阿姆一點不忙，仍慢條斯理的同老嫩客人說笑聊天。到吃的時間，鐘一鳴就見到「鼎食」，不到二十分鐘，先後在桌上出現的是：

青白蘿蔔煲牛腩湯（兩海窩）

香氣撲鼻的叉燒（尺六碟的）

七彩手撕雞（尺六碟的）

青紅豉椒牛河（兩碟二尺碟的）

這是很普通的家常食物，使兩打食客飽食，準備的功夫也要花相當時間。這個阿姆卻若無其事的，動手二十分鐘就弄出「鼎食」，有入廚經驗的，也就不能不說一個服字。

手撕雞、牛腩湯可提前弄好，叉燒則用時間控制火候，吃之前才切。二尺碟的豉椒牛河提前炒就沒有「鑊氣」。冒白煙的兩碟二尺碟的「豉椒炒牛河」，即使是名廚在場，也得佩服這個阿姆的廚藝造詣。

有「鑊氣」的「豉椒牛河」的河粉，不僅不是天女散花式，完全可用筷子一片片的夾起。原來這個阿姆的河粉，切了條後以盆盛之在焗爐裏邊，焗到認為夠熱，到副作料將弄好時，才加進夠熱的沙河粉，翻炒幾下就可上碟。單是一個時字，已顯出這個阿姆的高級烹飪家功夫。

唐人街的滋補大王

千滋百補集一身，也會吃出毛病來，三藩市的「地上金剛」吃滋陰補腎的東西太多，幾乎要到鬼門關去。

自承是個笨手笨腳、拙嘴拙舌的醜小鴨吳崇蘭，她底筆下，不僅不笨不拙，字裏行間還冒出幽蘭的馨香。她的《二哥吳南如》內有這一段描述：「他從不涉足娛樂場所，始終正正經經。他和二嫂的生活很規律，用錢該省的地方省，該用的地方花。不貪繁華，不講虛榮，只講一個淡字。在量入為出、因情而施中，他們的生活從不匱乏，總是豐豐富富。他們的年紀愈大，生活也愈講究一個淡字。我常常想，他們的健康長壽，與那個淡字大有關係。」這個淡字正是幽蘭底淡淡幽香的一個淡字。

吳南如是民國以後學而優則報，報而優則仕的人物，在外交壇上馳騁了數十年，退休後健康長壽活到八十歲，是由懂得淡字的三味而來。

淡者薄味也，甘之反也。管子說：「淡者五味之中也。」《漢書・楊雄傳》：「大味必淡。」注：「謂無主味也。」北方人口頭禪的白菜豆腐，沿海地區人們的青菜鹹魚生活都「與那個淡字大有關係」。

謳歌物質文明的美式生活，雖未必與那個淡字背道而馳，關係是有限的。有人剛屆中年已常吃鎮靜劑或按時吞服血壓丸，或多或少與那個淡字搞不上有關。在紐約的華爾街可常見衣着入時，走路如急行軍的美國紳士，看來很是康強壯實。但他們的衣袋裏，鈔票信用卡等外，也許還有小盒裝着鎮靜劑或血壓丸。不曉得是否風氣所趨，近年在唐人街裏邊，也增多了「望重而年未高」，常吃血壓丸的人物。心臟專家候診室的座位常不空，足見要服血壓丸的人不少。

青菜鹹魚與白菜豆腐

住居在美國，炎黃子孫也像西人一樣的熱衷追求物質文明，是情勢使然。吃喝也向西人「看齊」，對原已認識「五味之中」的一個淡字，老生常談的白菜豆腐或青菜鹹魚，可以養氣、養生的平實淡薄的生活似「前未之聞」，竊以為大有研究的必要。

每天吃牛排一磅，養分定比白菜豆腐豐富，但同時也吞食了同垃圾一樣的尿酸十四個格林姆。這些廢物會影響體內細胞新陳代謝的功能，體內多了這些垃圾，會惹來疲倦和未老先衰，甚至要常服藥物。試問：人到了要常用藥物作伴時，究竟有多少生趣？

忙於追求物質文明，又不想與那個「大味必淡」的淡字牽上甚麼關係的美國西岸唐人街的一個店小二，一飲一食向西人「大力學習」外，也追隨多妻主義時代的古人，吃喝都極講究滋補，招來「禍從口入」，幾至於「蒙主寵召」。

六十年代前後是美國中菜業的黃金時代，某家中菜館的店小二，月入所得，加上「花利」（小賬之謂也）一項已逾千美元（當年中級工程師月入約八百元），自是過着高級的物質文明的生活。住的、行的、穿的盡是高若干人一等；吃的、喝的也十分豐盛，且不忘「寓療於食」，進而「寓食於色」。凡被認為滋陰的藥物、食物，永不言拒；補腎的多多益善，如自美東空運到西岸的金錢龜、富含荷爾蒙的緬州（Main）龍蝦，店小二是榜上有名的顧客。此外還三天燉一次高麗參，七天吃一頓海狗鞭，半個月服一次鹿茸，真可稱之為吃滋補的大王。

山楂麥芽竟治癒怪病

百滋千補集一身，店小二自以為已是地上的金剛。不曉得滋的不到家，還是補的不得其方，這個「地上金剛」的胸腹之間忽然出現一些似瘡非疥的粒子，痕而且癢。初以皮膚藥敷之，毫無反應，痕癢如故，且逐漸增多。於是不得不求教醫生，經過內服外敷的調治不見效果，進醫院作詳細的檢驗，也找不出病源。「地上金剛」大概命不該絕，一再思量，治病的醫院既不能治病，還躺在病牀作甚？即通知院方結賬出院。轉向中醫求治，經過「望聞問切」後，中醫的處方，其中有山楂和麥芽，要「地上金剛」早晚吃一劑，滋補食物絕對不能沾。由於知道按時進補，「地上金剛」對中藥的藥性也了解一些，中醫要他吃尋常用來開胃清滯的山楂麥芽，雖有所懷疑，但也不得不試。誰知吃了一劑後，似瘡非疥的小粒，不但不再在體上冒出，痕癢也少了。吃了第二劑後，小粒更陸續謝下去。再吃第二次處方的一劑後，怪病痊癒了。幾天以後，「地上金剛」具備了豐厚禮物訪中醫答謝救命之恩。中醫告訴他：「病源是滋補的東西過多，五臟六腑負擔不了。閣下的年紀正如日之方中，青菜豆腐的飲食已可維持正常的健康，毋須吃滋補的食物。一輩子沒吃過滋補食物的，子孫繁衍，健康長壽的多得很。」醫者父母心，這一番話「地上金剛」恭聽了，後來是否放棄三日一滋、五日一補，說故事的沒有交代。據說治癒這個怪病的醫生，是從香港去的卞伯岐先生。

有沒有冒死吃河豚之勇

在美國，願意勞動的，要過「與那個淡字大有關係」的白菜豆腐或青菜鹹魚的生活不難。但是科技吃香的世紀，吃白菜、青蔬和豆腐，直到如今，還沒發現對健康的身體有壞的影響，倒是其中的鹹魚卻出過問題。

炎黃子孫吃鹹魚，可能始自紀元前。古老時代鹹魚的製作先用鹽醃過，再在太陽下曝曬若干時日，世世代代吃鹹魚佐膳，未聞出過甚麼大問題。惟自科學發明了對付損害動植物的蟲類，包括蒼蠅在內的藥物，做醃曬鹹魚買賣的，有用投蟲劑塗在魚上後曝曬。愛吃可口美味鹹魚的蒼蠅，嗅到鹹魚有對牠們不利的殺蟲劑氣味，不敢飽餐已先揚，自然沒有屎溺遺下，鹹魚不會生蟲了。人們吃這些鹹魚，也吃了殺蟲劑。近年醫藥家發現，吃塗過殺蟲劑的鹹魚可能罹致癌症，而且已有了紀錄。唐人街裏邊，有些鹹魚近刀切的地方是紅色的，就是殺蟲劑而非魚本身的色澤。

味鮮不太鹹而又有霉香氣味的鹹魚，售價比肉和鮮魚貴。唐人街的鹹魚，一九七五年有六元半美元一磅的，且是貨疏市爽的搶手貨，三二百磅在市場上出現，不到兩天便賣光。

好的鹹魚有人視為天下至味，但是如確知曝曬前塗上殺蟲劑，有沒有像「冒死吃河豚」的古人一樣勇敢，對塗過殺蟲劑的鹹魚一樣啖而甘之？

美國也有

魚翅鱸膾

「莫不飲食也」的圓顱方趾，誰都懂得飲食，是否講究則另一回事。精研飲食而至於被稱為美食家的，在所多見。惜乎學術門牆裏面，雖有飲食研究一系，且有銜頭，有某某食物化學碩士或博士，卻缺美食家碩士或博士。如果有的話、只香港這麼一個小地方，沒有逾萬美食家博士，也會有數千。

寫了一輩子畫的畫家底作品，不一定會被視為有很高的藝術價值。今人會做名震晉代的「咄嗟豆粥」，有同嗜焉的不一定有很多，也就不合藝術的定義，不是知名度很高的美食家沒有碩士博士的證明文件。

多如過江之鯽的香港美食家，會彈，會唱，會飛刀弄鏟，且有食遍天下的經歷的，大有人在。也有南郭先生的美食家，吃過幾頓多花錢的菜，自詡已列為美食家之林的，未嘗沒有。更有鮮為人知或不為人知的美食家，其中如舊雨新知咸稱之為倫叔的青年商會元老，就是鮮為人知，且不想為人知的美食家。

倫叔在香港美食家羣中屬甚麼等級？則非所知。五十年代，香港有一種外國酒，倫叔並非經銷或代理，一個時期成為暢銷的名釀。一家菜館的廚師，晉級為廚林高手，青商及華商會所的會友，多知道倫叔曾弄過若干手腳。

倫叔過往在美國做過十八年好漢，美國林林種種的飲食，都已遍嚐，好的不好的，早已心知肚明。但是美西竟有全鱸席，直到八十年代開始的八月八日西來美國尋親訪友，才第一次品嚐，且視為之可遇不可求的美食。

鱸魚在加州屬非賣品，只是持有釣魚牌照的釣者專釣品之一，即使是持有牌照的釣客，也只限持一竿，釣絲不能繫三鈎，又只限釣三尾。

倫叔吃的全鱸席，據説是主人朝釣一尾十九磅鱸魚弄成；且是離水後釣餌還在魚嘴裏面，放了血的。及至去鱗剮肚，以至弄成作料，絕不沾水，全用紙抹淨，生吃也啖不出腥的氣味。倫叔還把那次吃過的全鱸席菜譜記下來，那是：

一、北京潘魚，二、炸鱸魚卷，三、炒鱸魚球，四、魚翅鱸燴，五、三豉鱸脯，六、三菇花膠，七、砂窩鱸頭，八、宋公明湯。

「潘魚」可説是正宗的北京菜，是同治光緒間潘輝如所創，用羊肉鯉魚同製湯，上席前去羊肉，只吃鯉魚及湯。稱為味美的鮮，字形為魚旁有羊，以羊魚同製的湯，味確極鮮，製作時當然還加進去臊的作料，創始者潘姓，因叫做潘魚。三豉魚脯大概是欖豉、麵豉、豆豉。有酸有辣的解酒湯，宋江喝的是潯陽江的金鯉魚炮製。倫叔是杜康同志，主人用解酒湯押席，可説頗有心思。

張大千正式宴客

先寫宴會旨趣定菜式，繼而下令全家總動員。

腹飢如雷鳴時飲啖也不囫圇吞棗的，在五湖四海跑過碼頭的，一旦在北美各地菜館，吃各式各樣的中國菜而予以好評的，相信不會多。客似雲來的菜館，多靠「抵食」或可「筵開百席」而非以「美食」作號召。

對美食家言，一席美食，應是各個菜的主副作料不同，味道不一樣，且要有層次和高潮。美國的中菜館固不易割烹這樣的一席美食，求諸港台菜館，也不大容易。自視為中國菜「祭酒」地位的北京飯店，更不會做上述美食家所說一席美食。上海名廚及北京飯店的廚師先後在美港亮相的上海名菜及「譚家菜」並未獲好評。——如果說，美國以萬計的中菜廚師沒有懂得製作一席美食中菜，則屬一竹竿打盡一船人。即以加州說，就有不少廚林高手。爭奈政經等制度不同，致使名廚高手難展所長。

美國並非全沒可稱為美食的中菜，主持中饋的阿姆有不少廚林高手。她們既不是職業廚師，也不曾尋師學藝，怎可成為高手？由於形勢使然。她們在魚菜場花三十元買作料，比在菜館吃百元另附六元半稅的一席菜的質勝量多，多買多做便會弄出美食來。就所知，加州還有很多高級的陸菜和海菜。稱之為海菜，是作料以水產佔多數，如閩粵菜是海菜。採用陸產作料較多的，如川黔菜則屬陸菜。

美西有最好陸菜海菜

香港淪陷前，著名的豪門二小姐自港攜一籠活龍蝦飛重慶，即成為陪都的出爐新聞。沒離過四川的川人，才聽過或見過龍蝦的形狀。沒踏出四川一步的廚師，「豉汁龍蝦」做得不夠水準，不能說他們的割烹技術不好。一若慣吃大蒜大葱地區的廚師，烹調魚翅海參，多不能盡去灰及腥臭氣味，由於少見少做海味的菜餚。

最好的陸菜，是加州舊省會蒙特萊區（Monterey）區嘉迷爾（Carmel）的「可以居」；海菜是聖奧西（San Jose）的「珠璣小館」。一居一館都不是菜館，前者的主人是張大千居士，後者主人是陳天機博士，與主人有交往的，會有品嚐最佳的陸菜海菜的機會。「可以居」的主人遷台定居多年，「珠璣小館」的主人去了香港中大當院長，如果陳博士沒興趣繼續作人之患，攜眷返美，他們的新知舊雨，還可一啖最佳的海菜。「可以居」的主人，一九八三年已駕鶴西歸，「可以居」的門庭是依舊的，要嚐最好的陸菜，似不大容易了。

大千居士不僅是藝海高人，也是廚林高手，遐邇皆知的美食家。他沒開菜館，也沒教人做菜。同大千居士有相當淵源的名廚不少，川菜館的「大千雞」，做法是始自大千居士。

吃遍天下的美食家很多，大千居士是其中之一。以這個世紀的美食家言，嚐過西太后御廚、大千居士的同鄉、「姑姑筵」創始人黃敬臨的菜的，嚐過北平「南蠻」名士譚篆青底如夫人阿姨弄「譚家菜」的，試問還有幾人？

奢食或精食主義的美食家，假如自己不會操刀弄鑊，則品嚐菜餚的本領不會很高強，大千居士在這方面早已登堂入室。一九七六年，大千居士自巴西來美，舊金山的故雨新知以「Potluck」（相等於中國的羅漢請觀音，不同的是，羅漢們要攜菜入席）款待，焗、燉、煎、炒的菜共十多道。其中有「燉陳皮鴨」，大千居士啖而甘之，後來語其友好：「想不到在舊金山可嚐到最佳的『燉陳皮鴨』，湯味鮮而香醇，今日在港、台其他地方，也難求此美食。」這些話後來傳到攜「燉陳皮鴨」參加「Potluck」者的耳底，認為大千居士確是名符其實的超級美食家。「燉陳皮鴨」是極普通的，凡入過廚房應都會做的，弄得味鮮不難，香是否醇？又醇到甚麼領域？在乎陳皮的新陳。舊金山的陳皮售價每磅數元，大千居士啖過的「燉陳皮鴨」的陳皮，一九四五年每一兩港幣售價八十港元，即使不是百年的，也有七八十年的陳。二十年多後的一九六七年，用四分之一角陳皮燉鴨，大千居士竟視為當今海內外難求美食，要是飲啖官能全沒七八十年陳皮底香醇紀錄，不一定可道出燉鴨的陳皮是不尋常的珍品，故大千居士不愧為超級食家。

「可以居」無日不請客

食遍天下而又交遍天下的大千居士的私邸「可以居」，雖距舊金山約二百里，但「可以居」沒有「門庭冷落車馬稀」情景，來訪的舊雨新知絡繹不絕，請客這回事也就無日無之。可圍坐十四人的紅漆圓桌，從無虛座。正式的請客，必三天前約好，還先寫宴會旨趣，妥選菜式，一蔬一醬之微，也費心選配。然後是闔府總動員，浸魚翅發鮑魚等準備工作。到了宴客之夕，兒媳便是款待客人的店小二。茶水的侍奉，執禮甚恭，使遠離鄉井的會想起從前的舊家風。有最突出的一宗事是桌上不設調味架或盛調味品的味碟，等於告訴客人：放心吃好了，不必擔心味不夠或不好。作「可以居」的嘉賀，如果是太白同志，或會感到美中不足的是：「治具」而不「設杯」。主人不沾涓滴，「旨趣」只説「治具」而不及於杯，也怪主人不得。

吃喝是飲啖官能的事，與聽覺沒多大關係，惟在「可以居」作客，聽覺也有好的享受。健談的主人，把飲食掌故、見聞、經驗隨意道來，多是前所未聞，故座客都洗耳恭聆。

談到當年在他的故鄉四川，光顧「姑姑筵」的食客，在老闆黃敬臨面前絕不敢恭維黃老闆的菜做得好，因黃老闆會反問：「好在哪裏？」要是答不出，或答不對，他就不高興，雖不至把顧客罵一頓，也不希望這位顧客再來光顧。其實很多懂得弄刀鏟的，也不懂得做菜的好好壞壞的所以然，何況顧客？不過，顧客要是能説出好在哪裏，壞在哪裏的道理，這位四川食家兼名廚又會跟你談上半天，甚至他自己作東道再請你吃菜。

不多見的宴會旨趣

大千居士的詩文字畫，到處可見，超級美食家宴客的〈宴會旨趣〉卻少發現。附刊的〈旨趣〉是一九七一年寫的，當時大千居士的視覺健康已有問題。旨趣及菜式內容如左：

「六十年六月廿七日，命家人治具，敬邀夢因道師、北人鵬飛諸公伉儷可以居小聚。夢因殺饌擅名當世，視此山廚里味，亦將莞爾停筯耶！舍弟目寒，明日即返台灣。方召麐昨日來自香港。同預此會，盡半日之驩。」

那天吃的菜是：

水爆烏鯽、宮保雞丁、口磨乳餅、乾燒鰉翅、酒蒸鴨、葱燒烏參、錦城四喜、素會、水鋪牛肉、蜜脯、西瓜盅。

獲美國廚聯主政獎狀 華廚黃欒培是第一人

黃欒培的得獎，扯到全球票房紀錄極好的諧星丹尼基，則因丹尼基也愛弄刀鏟及欣賞阿培的功夫而成莫逆，是食壇有趣的故事，起碼也可作茶餘飯後的談資。

「為中華飲食文化放異彩」，是舊金山「中菜研究會」於一九八三年一月廿五日，假金寶酒家為主理冠園廚政之黃欒培，榮獲太平洋廚師聯會（Chefs Association of the Pacific Coast）主政獎狀舉行慶祝會，送給黃欒培作紀念之金質盾牌刻上的字。

「廚聯」每年都選出主政成績優異的廚師，並頒給獎狀。炎黃子孫獲此榮譽，以黃欒培為第一人。此不僅是中菜業及宏揚中華飲食文化單打獨鬥的黃欒培的殊榮，中華飲食文化遺產也沾一點光。

黃欒培個人默默耕耘的成就，同銀幕上的諧星丹尼基（Danny Kaye）又有甚麼關係？自是有相提並說的理由。首先講丹尼基。

丹尼基講究吃，對中菜割烹尤欣賞，為大多數美國影迷所知。欣賞和愛吃中菜，未嘗不可說是西人中的中菜美食家，要說他是個特級的中菜美食家，則非道出一些事實不可。

丹尼基會做成席中菜

丹尼基家在羅省豪華大廈的廚房面積很大，西方菜割烹所需的設備應有盡有，還有中菜的，單是燒煤氣的中國鑊就有四隻。爐火的控制且與別不同，一般的爐火控制器是用手撥的，丹尼基的卻用腳，雙手操作時，腳也派上用場。

據説丹尼基在家如以中菜請客是自己動手的，明姐做他的打雜。弄八個菜款客，上第一個菜後，稍同嘉賓周旋，又嚐過這個菜的味道，即又轉身到廚房去弄第二個菜。如是這般的，第八個菜上席後，他才坐下來陪嘉賓飲啖。

丹尼基會弄甚麼中菜？沒見過啖過，當然不能説甚麼。

丹尼基每到舊金山，宴客多在阿培主理廚政的冠園，沒酬酢也常在冠園吃飯，卻不在飯廳而到廚房與阿培同食。見阿培便問有甚可吃？阿培説有雞有鮮魚，他就叫阿培弄白切雞，浸海鮮。魚熟後加薑葱絲在上面，淋上生抽滾油後同阿培對座而吃，啖白切雞也蘸上薑鹽，這兩個菜的做法是傳統粵式，吃法也是粵式。據説丹尼基有時還在冠園廚房操刀弄鑊，如果廚房不太忙的話。

就上所説，丹尼基充其量可稱為一級美食家（大陸把廚師分為四級，特級地位最高；美食家又何妨分四級？）。譬之為特級美食家，又有甚麼事實根據？

據説丹尼基嘗語阿培：「由於歷史悠久，中菜割烹種種，可説多彩多姿。可惜時下菜館的中菜，全用味精調味。一席菜的味道差不多一樣，怎可稱為美食？」

奢食或精食主義的中國美食家，多如天上之星，惟近三十年來，很少聽到美食家或教人做菜的名烹飪家，對時下中菜割烹以味精作味的靈魂的批評像丹尼基所說的。對中菜底味的調配也有湛深的認識，則丹尼基可否稱為特級美食家？

丹尼基與黃燊培，既成莫逆，又是研究食道的同志，則東西社會的食風、食性與食藝，免不了彼此交流。能弄八個中國菜宴客的西人如丹尼基者不多，阿培在西方食壇出頭露角，較多了解西人的食性，故丹尼基的會做成席的中菜，阿培的得獎，互相都有些影響。這樣說來，阿培的得獎，扯到丹尼基，也不無道理。假如中國大陸的特級廚師在西方食壇闖天下，而有一個像丹尼基的西人是莫逆之交，也曾撈到風生水起。阿培主理冠園廚政逾十年，惟在一九六二年移民來美之前，飛刀弄鑊，是一竅不通的，也沒打算從事飲食業，當然沒有從師學藝。踏上美國土地，就想到羅省吃唐山雜貨店的飯，沒料到他的親戚早已替他安排了啖飯地：在冠園做廚房打雜。他並告阿培：「你是有家室的新僑，一切生疏，如到羅省去，便難於照顧。」阿培一想，也有道理，於是就到冠園做廚房打雜。年富力強的阿培，雄心萬丈，日做打雜，夜讀英文，這是後來敢向國際食壇作單打獨鬥的另一注本錢。

敬業是阿培成功本錢

阿培祖籍是魚鱉之鄉，而又是廣東最講究飲食藝術的順德，生長卻在中山的石岐。他的慈親是中山人，故阿培有順德先賢如陳澧等學習精神及中山人底豁達創造的氣質，讀書雖有限，卻深諳敬業樂羣的道理，處事對人都有一套。打雜的工作有極好表現，不到一年便加薪易職為伙頭（冠園員工逾三十，伙頭是煮飯做菜給員工吃），阿培於是有機會實習如何買菜煮飯。

浩如煙海的鮮陳乾濕做菜作料，有了見和做的機會，也就弄清其性能和效果，成為阿培後來向西方食壇進軍，單打獨鬥的武器。

做伙頭的買菜錢，是有一定的預算，阿培在不超出買菜錢的預算弄窩麻鮑脯。當年的罐頭鮑魚九角九仙一罐，他把罐頭鮑魚弄得更軟，色同味則像窩麻鮑魚，同事吃得津津有味。故阿培六二年踏進美國後，到六八年的短短六年間，自打雜、伙頭、幫廚以至頭廚，近十年靠此中華飲食文化遺產進軍國際食壇。單打獨鬥而有輝煌的戰果，敬業樂羣外，阿培還具一份創作的熱忱和幹勁。

飛刀弄鑊這門學問，阿培原是無根的，要細說起來，也非完全無根。他的根就是順德及中山血統的血，含善啖好吃的成分。原來阿培慈親的外家，在中山石岐的天字碼頭開菜館，于歸黃家前已是烹飪高手，故阿培從小已啖過美味可口的菜餚。嘴巴吃刁了，後來吃外間的菜，覺得都不及他媽割烹的美味可口。數十年前中國各地的牛肉，全是老耕牛或水牛，絕沒如今美國科技方法飼養的嫩牛，阿培在外面吃過的炒牛肉，全沒他媽弄的味鮮而肉嫩滑。偶爾問媽媽怎樣弄的？她告訴他如何選與切，並用少許水、油、生粉撈勻牛肉片，炒時先下少許水，然後下牛肉，用鑊翻勻加味即可盛起，這就是對烹飪沒根的阿培的根。

敢向西方食壇挑戰

做打雜的阿培，已決心向這個行業謀發展，自要探研如何飛刀弄鑊。陳榮當年的《入廚三十年》、《漢饌大全》都看過，因沒從師學藝，有些看了等於沒看，如《入廚》道及的「陰油猛鑊」，就全然不懂。後來買了一本《金山食經》，才摸到割烹一些門徑。如該書道及古法蒸魚，先熱蒸碟，放上幾根葱度，魚置葱度上面，作用在避免上熟下未熟。碟既先熱了，葱與葱之間的空隙，可讓蒸氣滲入。「鑊氣」並非高熱等，解釋得甚是清楚。香港煤氣公司出版的《烹飪手冊》，阿培也做了讀者，於是根據《食經》的理論，《烹飪》的菜譜，在伙頭的菜餚實踐起來。

主理廚政以後，阿培更精益求精，且向西人食壇挑戰，參加各項比賽，十多年來得獎不少。七八年參加檀島的菠蘿烹飪公開賽，同二十三名各國名廚專家比高下，奪了冠軍頭銜兼一萬美元獎金。八二年參加紐約的菜譜公開賽，也以「三色菠菜羹」名列前茅，贏得旅遊世界的享受。此不僅美國少數中又少數的中國廚師和中菜業的殊榮，中華飲食文化遺產也沾一點光。

檀島菠蘿烹飪賽之役，阿培用紙捲成筒狀當鑊鏟炒芝麻，評判員及與賽者大表驚奇，一評判員問阿培何以如此？阿培詳為解釋，並說是學自他的慈親，也就是飲食文化的遺產。

在自由而公平競賽的社會，做任何行業，肯努力耕耘而有不尋常成果的話，會受到重視和鼓勵。太平洋廚師協會是西人組織，肯以最佳主理廚政獎狀頒給黃燊培，是炎黃子孫的第一人，這當然是阿培在這方面有卓越的表現。中國大陸以特級為廚師的最高榮銜，阿培的成就，還沒發現特級廚師可與比擬，則阿培似可列為超級廚師。阿培如果是法國人，以其成就言，會獲總統獎狀，一如反傳統派法國廚王布駒士（Bocuse）一樣。惜乎台灣只重視覺藝術發展而不及於味覺藝術，大陸的廚師輸出只為換取外滙，卻無意於中華飲食文化宏揚，所以說，阿培的成就是單打獨鬥得來的。

炎黃子孫在美國是少數又少數的民族，但美國食壇的食客，非炎黃子孫佔絕大多數。近年名廚專家來美經營菜館，食客對象多着眼於較少的炎黃子孫食客，故經營較為吃力。阿培主理冠園的廚政後，食客對象卻是最大市場的西人。寄語業此者，不妨改轅易轍，向最多食客的市場發展，甚麼「正宗」固要放棄，還得多學最多食客市場的一些學問。

廈門嬌娃名廚

十年來自港、台、日去美經營菜館的專家、名廚，凡大刊乜乜名廚主政廣告，弄到焦頭爛額的，不在少數。他們吃了半輩子菜館飯，竟在美吃悶棍，真是「條氣唔順」。所以吃悶棍，有可能是不肯張眼孔耳孔，不諳美國食風是主因之一。

擁有名廚銜頭的廚師，在甲地很吃香，在乙地亮相廚藝，不一定會普受歡迎。這非名廚的功夫不夠，可能對飲食哲學少聞問或所知有限，甚或不注意刀鑊爐鑊以外底天、地、人等關係。如廣州夏令名菜「青椒炒田雞」、福建名菜「當歸淮杞燉雞」，都是美國食壇不歡迎的菜。前者物料過廉，田雞尤少鮮味，後者的氣味會污染整個餐廳，名廚要在美亮相上述兩個菜，則名廚的名就會褪色。竊以為，有意挾割烹技藝闖江湖的，刀鑊功夫以外的飲食哲學，也有研究必要。

過往在宋財神私邸主理過廚政的某廚師，凡財神請客，如主客共九人，熱葷菜如有「鹹菜炒螺片」，作料精選不在話下，弄出來的螺片鹹菜各二十片，每人各二片吃了十八片後，剩下螺與鹹菜各一片，主陪客都想吃，卻又不好意思下箸，最後還是主人用公筷，把剩下的螺片鹹菜各一，夾到主客食碟上。

廚師為甚不少炒或多炒幾片？大概就是挾刀鑊闖江湖者該知道的飲食哲學吧。

▶廈門嬌娃名廚。

廈門中山路一家只有門牌而沒有招牌的大牌檔，不僅沒名廚主政，飛刀弄鑊的不過是兩名女嬌娃，但去過廈門的香港人眼底，這雙姊妹花堪稱為廈門名廚。

靠嬌娃主廚政的大牌檔已不尋常，生意奇佳，為全廈大小食肆之冠。

沒招牌的大牌檔，福廈人士及香港人均名之為三一三，是個家庭團隊的組織，也有名之為鴛鴦檔。設備之簡陋，同香港的大牌檔差不多，弄菜的地方不足丁方八呎，四人食桌六張，但午晚的膳食時間外，六張食桌也不會全空的。常在這家大牌檔作食客的香港人說，吃遍廈門大小食肆的菜餚，「鑊氣」最佳的是三一三。

廈門鹹淡水時鮮多，三一三講究選料，味的調配恰到好處，加上價不濫取，由是客似雲來。

三一三的主人，一般稱之為果子福，原以賣水果維生，文化大革命時無水果可賣，七口之家生活艱難，當權派也照顧不了，就讓他在三一三號側擺食檔。果子福人極聰明，也會弄刀鑊，全家動手靠這爿大牌檔維持溫飽。凡嚐過果子福手藝的歸鄉客都「食而甘之」，生意愈來愈好。一雙掌珠也長得亭亭玉立，果子福就訓練她們飛刀弄鑊，自己同兒子做「企枱」，太座是買手，老太太是「水枱」。這個家庭團隊發揮了團隊精神，三一三也就有了風生水起的景象。廈門成了特區以後，並非歸鄉客的香港人對三一三的口味會「有同嗜焉」尤難能可貴。

經常往來港廈之香港商人吳東先生說：「在廈門，要祭五臟廟，不到三一三，在八四年仲夏還難找到更好的去處。」

何澤民的鹹魚全席

西人說炎黃子孫是「吃的民族」。請勿為這句恭維的話而意滿志得、沾沾自喜。這話是恭維而帶有點揶揄成分。

因食而敗家以致亡國的事例，自有人類史以來，咱們中國最多。即就清代說，白銀的外流，不少流到扶桑三島，對大和民族的富民強國，確實助了一臂之力。如果大清的官民日常飲宴，不以乾貝、鮑魚等海味為珍品，則白銀的外流會多換些堅船利炮，而非五臟祭品的海味，則大清皇期的招牌可能多掛些時日。

中國菜饌割烹的多彩多姿是舉世公認的，如果炎黃子孫沒有源遠流長的飲食文化，菜饌割烹不夠藝術，又怎會贏得「食在中國」的美譽？

多彩多姿的中國菜，也有其古靈精怪的一面。食的範圍固廣泛，西人多不吃蛇，蟲、鼠、蟻更不用說，還有全牛席、全豬席等宴客筵席，一席菜看似各款不同，其實裏面都有牛或羊作料，西人看來會感到有點古靈精怪。至於鹹魚席，不僅老拙前未之聞，也前未之嚐。相信不少炎黃子孫也會認為古怪的，尤其視霉香鹹魚為臭惡食物的滇黔人士。

弄鹹魚全席的，原來曾是個菜館董事長兼總經理，相識遍太平洋兩岸的香港食家何澤民先生。

據説何澤民先生的鹹魚全席的割烹也多姿多彩，越吃越過癮，有一層又一層的味與香的高潮。這樣説來，對鹹魚敬而遠之的人們，要是啖過鹹魚全席以後，可能像提起一個蛇字就有驚懼之色的西人一樣，不知不覺的吃了五蛇龍虎會後，倒認為是天下難得的美食，對鹹魚不再敬而遠之了。

吃過鹹魚全席的説，共六七個菜，還有鹹魚炒飯。記憶所及的，有下列幾個：

鹹魚頭海鮮豆腐湯

銀芽香芹炒乾銀魚

霉香鹹魚釀豆腐角

鰽白鹹魚蒸鯇魚尾

鹹魚席所用的鹹魚有鰽白外，還有大烏、黃花等多種，據説都是大澳的精選，其中有釣片、插莊、淡口、霉香、風熱的（有太陽又有北風），這是可遇不可求的佳品。霉香鹹魚到處都有，霉香而淡口，啖出鮮魚的鮮味的，百中無一。

市上菜館有炒鹹魚這個菜，至於何澤民先生的炒鹹魚，既沒肉絲，也不用獻，味道卻十分鮮美香醇。

吳菊芳的炸白糖糕

地球上任何一個角落，稱為專家的圓顱方趾，還是美國最多。美國唐菜館精於「炒鑊」的頭廚也多。

美國的專家都有其所專和專的證據。凡會做菜的無不懂得炒，炒得不快不準即使做頭廚，也不一定是好的「炒鑊」。不成文法的快的標準，在一小時內起碼要做四十至五十個炒菜。因環境不同，故美國會做「炒鑊」的頭廚比唐山多。

美國之所以多專家，則因實用主義的美國思想認為一個問題中還有若干問題，不妨多設問題中的問題分別研究。積久了，問題中的問題的專家便鑽進牛角尖，且各自為政，要解決問題時，專家的高論盈庭，不一定找出答案，實有點賊已渡河，議論未定。那年美國應付經濟衰退，朝野經濟專家連番大論戰就露出了馬腳，弄到當權派無所適從。

基辛格博士不是法學家、兵學家、警政專家，更不是吃政治飯的議員，而是一個教歷史的「人之患」。他忽然走進白宮，卻能夠掌握多方面原非他所專的事務，看來，他的「秘密武器」是懂得各種專家的漏洞，做了各種專家的打雜。否則專家多如牛毛的民主黨所控制的國務院，哪裏輪到基辛格「話事」？

一家菜館是否賺錢，一是刀、鑊、爐、鑊以內的功夫，一是刀、鑊、爐、鑊以外的，單是一方面好，也不見得生意興隆。從前中國有經驗的投資菜館，不問誰作頭廚，只問誰管營業部，等於問有無會做菜館打雜的？

有做得最好的菜的頭廚，要拉很多食客品嚐。嚐過以後再來，常來，那是打雜的功夫。三藩市南苑酒家當權派是黎漢樞先生，南苑年年賺錢，歲歲分紅，則黎先生的打雜功夫必不錯。唐人也不一定喜歡吃的「鹹蝦炒蕹菜」，黎先生竟有膽讓西人品嚐，誰料西人「食而甘之」。第二次光顧也要再吃「鹹蝦炒蕹菜」。黎先生要是不深知頭廚關棠先生做的「鹹蝦炒蕹菜」夠鮮夠香，絕無腥臭味，哪肯讓西人顧客吃？黎先生所管的是刀、鑊、爐、鑊以外的事，但刀、鑊、爐、鑊以內的，也這麼清楚，足見黎先生是個好的菜館打雜。

美東李漢魂將軍的菜館，當權派是李夫人吳菊芳女士。李夫人不管刀、鑊、爐、鑊以內的事，卻是一個最好的打雜。單是創製一個「炸白糖糕」的「尾枱」（等於唐山的甜菜），美國食客無不欣賞。聽說，「炸白糖糕」單是外賣，每天就超過百盒。初時的「炸白糖糕」的白糖糕還是購自紐約唐人街，多銷了以後就在自己廚房製作。當然，「炸白糖糕」是廚房裏邊的事，美國食客見而悅之，食而樂之，則李夫人已花了很多心思。李將軍的菜館所以賺錢，則刀、鑊、爐、鑊以外，還有一個好打雜的賢內助，吳菊芳的功勞不少。吳菊芳的「炸白糖糕」有其色、香、味的秘密，在這裏不便說，因是吳菊芳的「版權所有」。

鼎鼐雜碎

叁：講飲究饌

西人為甚麼說吃在中國

中國菜的最高秘密是氣味的調配，時下中菜多中看不中吃，由於割烹偏重於色與型，長此下去西人會說吃不在中國。

丈夫是美國派駐外國官員的柯曼夫人，在台灣住過幾年，公私酬酢不少，於是吃過各式各樣而又等級不同的中國菜，體會與認識，當比其他外國人較多較深。她曾寫過一篇〈中國口味、餐具及其他〉的文章，《中華飲食》雜誌把它譯刊在第二期。其中一節有下面幾句話：「何以同是亞洲人種，而韓國、馬來西亞、泰國、印尼、印度的口味不曾影響世界？何以日本人足跡遍全球，『日本料理』仍未普遍被接受？至於西方的吃，法國人、意大利人、西班牙人都有烹調特長，也各具風味，何以他們都說吃在中國，而不說吃在法國？」

文章的一節，竟有三個問號，每一問號牽涉的範圍不簡單，說起來又都同歷史文經脫不了關係。以日本說，在唐代以後吸取中國文化不少，到了清代，中國人對吃的講究，居然比不上日本人。這話又怎說？中國人對吃的講究，多為口腹之慾，進而寓醫療於食。姬妾滿堂的，更不能不「寓色於食」；豪門富戶的吃，且多窮侈極奢。日本人的吃，講究他們底「東洋料理」，也及於「中華料理」，目標卻不一樣；日本人要了解中國的吃喝文化及其他，從而賺中國人的錢。清中業以後，中國人視為席中珍品的鮑、參、翅、肚及乾貝等海味，尤其鮑魚與乾貝，主要來源就是日本。二十世紀四十年代以後，美洲多了很多西人吃中國菜，冬菇是中國菜主要作料，而美洲的冬菇市場又為日本所獨佔。做菜的調味品、醬油而外，用量極少的麻油，五十至七十年代所見，日本製品也佔了絕大部分。蠔油是廣東中山、台山等地的產品，五十年代前後，日本蠔水大量輸入香港，賣給製造蠔油的出品家。美國各地唐山雜貨店的蠔豉，以往全由香港運去，近年來自日本的不少。所以說日本人比中國人更講究中國飲食，過往直到如今，都從中國飲食文化中賺中國人的錢，用以富民強國。

足跡遍全球的日本人，何嘗不希望「東洋料理」被人普遍接受？打開天窗說亮話，菜餚弄到能夠令人見而悅之，甚至科學方法的講究，中國菜比不上「東洋料理」的。日本菜未被世人普遍接受，可能是文化根源關係。

不少西人說吃在中國，中國的吃究竟有甚麼好？

美國加州有一家菜館，生意很旺，是由於有一個世界票房紀錄很好的明星做了老顧客，替這家菜館招徠很多天南地北的食客。這個影星家中的廚房有四具中國鑊，爐火的控制也經過特別的設計，用腳而不用手，堪稱為如假包換的中國菜迷。

這個中國菜迷不僅吃遍美國的各種中國菜，因職業關係，走遍全球，吃過世界各地菜餚，包括美國以外各地的中國菜。有一次他答電視記者問哪種中菜最好，他說廣東菜。哪些廣東菜是最喜歡吃的？則說「豆豉蒸魚」。廣東菜的「豆豉蒸魚」所以好吃，一是魚講究新鮮，最好是即劏即蒸的，副作料用原味（未抽過豉水的）豆豉外，還有葱、薑和蒜，甚至還有些陳皮。這位影星是猶籍美國人，猶人偏嗜蒜豉味，所以愛吃「豆豉蒸魚」。在美國，凡猶太人聚居的區域，經營中國菜館不會沒有生意。另方面中菜的式樣多而又價廉，尤其後者，最合猶太人的需要。也許可以說是構成吃在中國底原因之一？

雞的鮮美味道從何來

吃喝最大目的為了養生，合乎營養、衛生和足夠的吃喝，人就可以活下去，又何必斤斤於美食？美國科學養雞專家可作這方面的代表。為供應大量的需求，養雞專家依照科學方法養雞，飼以足夠養分的食料，六星期內就有五六磅重、又肥又嫩的科學雞供應市場，於是雞在美國，不會有像孟夫子所說的「不患寡而患不均」的現象。貧與富都食有雞，而且是嫩肥而廉價的雞，這是科學家的功勞。但是，人同其他動物有所不同，願意一輩子吃一種食物，一種味道，似乎還沒發現。自從有了科學雞以後，美國土生土長的人，開始吃的雞就是臊而帶腥、鮮味很薄的科學雞，他們不會覺得有甚麼不對。但是，慣吃或吃過古法飼養的如中國海南島的文昌雞、廣西梧州水上人家養在艇上的蜑家雞、飼五十年前享譽京滬的信豐雞的中國人（廣州一家臘味店，經過特別方法飼養，然後運銷到京滬的），初吃美國科學雞，可能有「食之無味，棄之可惜」的想法。惟是「三月不知肉味」的，科學雞也是一級的珍品了。

人人食有雞的美國家庭，烹調的設備應有盡有，而且日新月異，美國主婦不入廚的極少，美國先生入廚的也很普通，畜肉的割烹，都有幾手，如炸雞，焗雞，燒雞等，很多美國人會做，肯花多若干倍錢到中國菜館吃科學雞，自有吃的道理。因為中國菜館做的，多能去腥、臊，鮮味且較好，功夫在一個醃字或獻字。所以同是科學雞，在中國菜館廚房，經過廚師的刀鑊弄出來的，一經啖嚼，就知道有所不同，這也是吃在中國的另一個原因。

一個廚藝很精的美國主婦，參加一個中國人的家庭宴會，特別欣賞其中一個「手撕雞」，要求主人把各種作料分量及做法詳告她。熱心的主人不僅用甚麼雞，甚至調味品的牌子也說了，美國主婦把它詳記下來。回家以後按照記錄如法炮製，弄成的模樣同吃過的差不多，味道則不夠鮮，不得不再向老師問其根由。老師說：「如肯花錢，又不怕麻煩，買一隻四磅半左右的光雞，弄淨後把兩塊雞胸割出備用，其餘的用兩磅水熬湯，還要加一片薑，一個紅棗，五粒原粒胡椒，作用在去雞的臊腥氣味，慢火熬成約一磅的雞湯，再將這些湯煮兩塊雞胸至僅熟，凍後拆絲，筋膜不要，然後加調味品拌勻。」美國主婦至是才恍然大悟，自己做的「手撕雞」味不夠鮮的原因在哪裏。

從前僑居南美的一個美食家，搜羅雞的割烹方法，據說總數達三百多種，大可出版一本很厚的雞譜。不過，從各種地方菜館所見到的雞的做法，不過數十種，已是世界食壇僅見，也許又是構成吃在中國的一個理由。

氣味是中國菜的奧秘

以維持生命的原則，分析人們林林總總的食物，不外三種基本成分：碳水化合物、蛋白質、脂肪。加上蔬果等，平常人每天需要補充的熱能，約二千卡路里上下。一公分碳水化合物或蛋白質，可產生四卡路里的熱量。換句話說，每天有二百公分的脂肪，已可維持生命。假如天天月月張開嘴巴填進這些東西，會否感到單調和少情趣？飲食之所以有人研究和值得研究，是因為它是生活和文化的方式。人與其他動物的不同，單是味覺的原始感受就大有分別。研究飲食的美國科學家發現雞有二十四個味蕾，豬則有一萬五千個，人比豬少六千個，大約九千個左右。雞吃飼料是囫圇吞棗，惟求一飽便了。豬對氣味不同的食物可以兼容並蓄，卻沒有萬物之靈的其他發展和活動。人的味蕾雖比豬少數千個，對食物的氣味，從嬰孩吃乳時已有所選擇，無論甚麼乳汁，要是忽然加進一些苦或辣及不習慣的氣味，嬰孩是不肯吃而會呱呱大叫的，可見人對氣味比豬有所取捨，似是與生俱來。

人在進食時，同食物最初接觸的是視覺，如懷疑這些食物會傷害官能，或因戒禁而不能吃喝的，嘴巴不一定會張開。至於食物的氣味是否可口，卻由嗅覺、味覺判斷。如過硬的東西，已引起觸壓覺煩厭，哪還有享受可說？又如辛、辣、酸、苦、澀、腥、羶等氣味的飲食，或是以往從沒啖過喝過的，即使已放進嘴巴裏面，也會反吐出來。故人們研究吃喝生活的文化方式外，對氣味也極重視。

中國菜的割烹，儘管千變萬化，但是烹的方法，歸納起來，不過是四種基本的：一、水熟，二、油熟，三、氣熟，四、火熟。蒸或燉是氣熟，燒烤是火熟，炸是油熟，泡是水熟。浸是可水可油的一法，如水浸魚，油泡螺片，前者是水熟，後者是油熟。最突出的可說是炒的做法。

物的性與質有所不同，割的方法和烹的效果要求不一樣，如「胡虜肉」（美國稱為甜酸豬肉）是先炸後炒的。為了觸壓覺有酥香的感受，切的大小差不多，醃過的豬肉要先炸，其他作料後炒。又如青蔬炒肉絲或片，要有好的「鑊氣」，青蔬先在大開水或滾油裏一泡，廚林中人稱之為「飛水」或「飛油」，但也因人、地、時的不同，和要求的效果如何而定。

追求美食，就表面看，似乎是本能的反應，究其實，並不那麼簡單，而是從複雜的文化演進過程，經過心理，生理等逐漸發展而來。有些食物，本能上覺得好吃，有些又不好吃，但處在不同的環境，和有過不同的經驗，對食物的為好為壞，也會養成不同的嗜好和習慣，於是形成的所謂譜尺，也就人各不同。

土生土長在中國，生活環境較好的炎黃子孫，吃綠豆芽菜去頭去蕵外，還要吃爽口的。美國東方的美國人吃芽菜，如發現爽口的，就認為不對。同是美國人，生活在西方的，卻不會拒吃爽口的芽菜。西方中菜館做的炒芽菜，很久很久以前已是爽口的，這是一例。

紀元前一千六百多年，出身農夫，做到商湯宰相的伊尹說過：「味之精微，口不能言。」其後《中庸》上面也說：「人莫不飲食也，鮮能知味也。」可見中國菜的割烹，很古老的時代，已特別重視氣味的調配，而且認為是並不簡單的技術。這樣說來，做菜不是難事，把菜餚的氣味弄到「食而甘之」，卻要下功夫。割烹不過是用眼看，用手做，眼明手快的一學便會，眼不能見，手不能動的氣味底裁判是否合乎美的尺度？這是嘴巴裏面的觸壓覺，舌頭以至喉壁間的味蕾的責任，也人各不同。多靠體力和少用體力操作的人，對鹹的需要就有差別。菜餚的氣味是否臻於美妙，要經過多數人的品嚐，才可道出其所以然。菜餚提及一個味字，常加上一個道字，可見氣味這東西，也有其道。精研氣味的，還可道出氣味的物理以及哲理。

前味、後味、餘味、和味

色的基本不過五種：紅、黃、藍、白、黑，繽紛悅目的畫圖，只是上述的五種色的組合而成。味也有幾種基本的：鹹、甜、酸、苦、辣、甘、辛，加上食物的本味，如佛家所說的，煮成的飯也有淡味。把飯直吞到胃裏，沒經觸壓覺的勞動，不曉得飯也有其淡味。用麥粉做成的麵包和麵條，如不用咀嚼也啖不出香味。飯的淡及麵的香，是物的本味。動物也有其本味，如普受西人欣賞的「胡虜肉」，外層有炸過的脂肪的香，肉的鮮味外，還有鹹、甜、酸、辣的，而又不鹹、不甜、不酸、不辣的，中國人稱之為和味的味。用不夠新鮮的，或熬過湯的豬肉製作的「胡虜肉」，少了鮮的領導，而鹹、甜、酸、辣中有某一種味突出，也就不及和味的標準。肉不鮮，味不和的「胡虜肉」，很難令人百吃不厭。

所謂和味，全在調配的功夫。此外還有前味，後味與餘味。炸的春卷有前味，如果是蛋皮做的更香而酥；餡是後味，但是餡的味道如果比前味薄，就啖不出後味。臭豆腐有前味、後味、也有餘味。製作得好的火腿，醃曬夠標準的霉香鹹魚，都有前味、後味、餘味。菜餚或食物有甘草調配，如用八種香料製作的滷水，弄出來的食物，未必一定有前味，卻都有後味和餘味。餘味留在喉壁間，不會即時散去。高級的中國茶多有餘味、後味。如果茶沒有後味與餘味，則世間沒有採茶人和賣茶人了。

科學家認為感覺味道的味蕾，不但分佈在舌頭上下四周，上顎喉壁也有味蕾，怎樣發揮它的作用，目前還未能詳知，大概是味的分子和味蕾蛋白質碰合，形成化學合基，發生能量的轉換，變作電波，經過神經系統上達腦部，故生物學家認為辨味的器官在腦裏面。

美國的韓肯博士是內分泌專家，發現人的味覺、嗅覺失靈時，身體裏面已出現某種毛病。

韓肯博士認為檢查病人，在不久的將來，會增加味覺、嗅覺的儀器。流行性感冒、頭部受到過劇的撞擊或新陳代謝的病症如糖尿病，也會引起味覺嗅覺麻木，情緒低落，甚至沒有食慾。人體內的鋅和銅含量過少，也會引起味覺嗅覺失靈。

研究味覺嗅覺的專書，中國是沒有的，但中國菜在不同歷史、文化、種族的地區受到歡迎，不一定是做菜的技術高人一等，如要探本尋源，會發現是列祖列宗遺留下來的飲食文化遺產。中國菜的割烹，講究味而外，還及於氣。《黃帝內經・素問・臟氣發時論》中說：「五穀為養，五果為助，五畜為益，五菜為充，氣味合而服食之，以補精益氣。此五者有辛、酸、甘、苦、鹹，各有所利，或散或收，或緩或急，或堅或軟，四時五臟，病隨所宜也。」氣之所以受到重視，且及於時，因為季候的變化，影響五臟。《禮記・內則》上說：「春宜羔豚膳膏薌，夏宜腒鱐膳膏臊，秋宜犢麛膳膏腥，冬宜鮮羽膳膏羶。」薌是牛，臊是犬，腥是雞，羶是羊。春季吃羊或豬肉，用牛的脂肪烹煮；夏天吃乾雉乾魚，烹調則用犬的脂肪；秋後吃小牛嫩鹿配以雞的脂肪製作；冬天吃魚雁，則用羊的脂肪烹調。在《論語・鄉黨篇》孔子說的「不時，不食」的若干年代以前，對飲食與時的關係已如此重視，葷食製作用不同的脂肪，與時大有關係。

「氣味合而服」之與「鑊氣」

甚麼季候吃甚麼，又用甚麼脂肪烹調，可能是為了刺激食慾，以及因應氣候的變化，預防疾病的入侵，因此需要「氣味合而服之」。飲食的味既如此重視，氣也要吞服，西人固然莫名其妙，能夠道得出其所以然的中國人也不會太多。《中國科學與文明》的作者英國李約瑟博士，曉得中國典籍講氣的頗多，請教過不少中醫，也多知其然，而未能道出其所以然。倒是著作等身的大國手陳存仁博士，答李約瑟博士有關於「氣」的文字，在《大成》雜誌發表洋洋萬言論「氣」的大文，大體上還能道出其然和所以然。如〈元氣、原氣〉中說，嬰兒離開母體後，被助產士拍一下屁股，通了「氣」才呱呱大叫。西醫把屍體解剖以後，沒發現致命病因下「死因不明」的判斷，中醫則認為「氣脱」所致，但人死後剖開其屍體，已見不到氣了。上面所說的雖與「氣味合而服之」無關，但對中國飲啖之所以重視氣，是很好的解釋。在人體上說，缺氣的要補氣，感染寒氣或暑氣的侵襲，如不醫療，就會臥牀不起。氣是看不見、摸不着的，但口鼻被密封時，才感到急需吸一口氣。救傷車有氧氣設備，是為了幫助要吸一口氣才可活下去的傷病者。

菜餚中底氣的去、留、加、減，視乎需要如何效果。雲南的氣鍋，為了菜餚的存氣而創製。福建菜的「燉雞」，還置一小杯紹酒在燉器裏雞的上面，加蓋後再用紗紙密封，然後燉若干時間。廣東菜的「清燉北菇」，也是先把紗紙密封已放置作料的燉器，全因重視菜餚的氣底效果。又如魚羊及野味底腥羶氣，用薑、葱、棗、陳皮、花椒，不外去其腥羶之氣，中和其氣或增多香氣。如《禮記・內則》的「炮羔」的「實棗於其中」，在沒有《禮記》前的古法，目的可能是為了去小羊底羶的氣。若干年後的十八世紀中業，譽滿歐陸的俄國「奧羅夫王子燒小牛脾」(Selle de Veau a la Prince Orloff)，其實是巴黎法國廚師奧賓・杜邦(Urbain-Dubois)創製。俄王子喜歡吃燒小牛脾，卻怕臊氣。杜邦的做法，先把小牛脾割至近骨處，把洋葱等去臊及香料塞進去以後才燒。王子後來返俄國，還把杜邦帶到俄國替他做菜，將杜邦做的燒小牛脾，名之為奧羅夫王子燒小牛脾。

科技世紀，割烹器具儘管日新月異，中國古已有之的弧底鑊，並沒被淘汰。中國菜館的廚房固不能少了弧底鑊，對中國菜有興趣的美國主婦，她的廚房有一具中國鑊的也不少。中國菜最突出的烹調法是炒，做炒的菜更不能缺弧底鑊，還要有高度熱的爐火。密度高而美觀的不銹鋼鑊，做炒菜卻不大適宜。因為炒的菜餚，通常要求的效果是嫩、滑、爽、香，又不能過熱，致失去原味而又要有「鑊氣」。所謂「鑊氣」卻不是高熱，而是一碟炒的菜端到桌上，作料冒出輕微的白煙，觸壓覺還沒勞動前，已有引起食慾的香氣。好「鑊氣」的菜，當然是火候調節得其方。不過，名廚專家有時也不能道出某一個炒的菜所需火力及炒的時間若干。如炒一磅芥蘭莖，即使見到用大或小的甚麼鑊、爐的結構和火力，還須見到芥蘭的老嫩和怎樣切法，才可道出一個火力和時間大概的數字。不少中國食譜，刊載菜餚作料、副作料及調味品的分量，一如醫生的處方，一錢一分絲毫不苟，但是炒的菜倒不能像西方食譜一樣，說明燒、焗、炸用若干度火力及時間。如能百分之百的知道作料的質與性，又當別論。食譜不能道出做菜所需火力及時間，如果說中國菜割烹不如西方菜割烹科學化固然可以，但也可說是中國菜的妙處。中國菜的「候鑊」如果是簡單的技術，則美國的中國菜館，尤其有西人資本的，在廚房飛刀弄鑊的，可能一如西方菜館，非炎黃子孫的數量一定不少。

中國飲食源遠流長，中國菜的割烹技術，直到二十世紀四十年代，才讓西方世界較多的西人認識。他們說「吃在中國」，也不是完全無根的，僅是菜餚底氣味的調和，已比西方世界先進了若干年。

中菜業在外邦落地生根，並非色與型優於他國，而是看不見、摸不着底氣與味的調配，使人「食而甘之」。時下中菜割烹偏重色與型，致多中看不中吃，是吃不在中國的訊號。

二十世紀五十年代以後，科技的發展已攀登高峯，飲食也愈趨文明，但是接踵而來的也多了與飲食有關的文明病。反傳統法國菜的興起而且吃香，是由於愛好飲食底人們都想避免「禍從口入」。

談脂色變、說膽驚心的年代

食物被污染日甚，多脂肪及膽固醇的中國菜，不一定被西人歡迎。

「食是一個國家文化表現之一，而文化之被接受是要經過薰陶的。今日各種國際性食物，能夠被人接受，必有其淵源……。」

僑居美西之梁潔貞小姐，在《飲食世界》第五十期發表的〈為雜碎作不平鳴〉中有上述的話。

向來講究飲食的香港人，直到日前，喜筵壽酌如有「紅燒裙翅」、「一品官燕」、「雙頭網鮑」幾個菜，仍視為佳饌。十八世紀舊金山中菜館所用的作料，已有鮑、翅、燕。那是李鴻章一八九五年訪美，道經舊金山，市長索地路為盡地主之誼，集唐人街廚林高手，弄中菜款待來自清室貴賓嘉餚時已有的作料。一九二零年前後，舊金山中菜館賣十四美元一席的十道菜，也有「雙頭網鮑」（一斤二隻）、「燕窩全鴨」、「雞茸魚翅」。弄過這席菜的廚師今仍健在，是已九十高齡的林寶暉先生。可是六十年後的「雙頭網鮑」的售價，非數倍十四美元莫辦。

中國人目為名貴的食物鮑、翅、燕，十八世紀已在美國食壇出現。嚐過的美國人下少，欣賞的卻不多，當然有其「淵源」。惟是並不名貴的竹筍、馬蹄、白菜，綠豆芽菜為主要副作料，其後稱之為「雜碎」的中國菜，竟能在美國食壇吃香數十年。

竹筍馬蹄是雜碎的靈魂

鮑、翅、燕在美國出現逾一個世紀，仍未被大多數美國人接受，可能與美國的飲食取向有關。美國的飲食，營養與衛生固講究科學，花多少錢也屬「務實」派，雖然曉得滋陰補腎的食物如怒髮衝冠的魚翅、桀驁不馴的鮑魚，一經中廚割烹，會變成柔、滑、軟、嫩、鮮的美食。但在美國人的科學及「務實」中濾過，發現這些名貴食物的養分有限，售價卻特高。花若干塊牛扒的錢，享受一頓鮑、翅、燕，不比吃一塊牛扒有支持一場籃球或欖球比賽的能耐，是極不「化算」的。尤其知慳識儉成了習慣的美籍猶人（猶人以嘴饞見稱，他們聚居的地區，中菜館多能賺錢），更少興趣。

或問：雜碎為何吃香了幾十年？依老拙管見，第一是廉，其次是新，再其次是割與烹。吃雜碎一般比西菜廉。竹筍、馬蹄、白菜、綠豆芽菜為西方食壇所缺，可說是新；吃中菜用不着拿刀，比拿刀多些享受；味的調配多花樣，「和味」（多種味道調配，又能刺激味覺）的菜比西菜多。四十年代以後，美國人十之八九有這樣的觀念：「雜碎即是中國菜，中國菜就是碎雜」。美國語彙也有（Chop Suey）一辭。可見雜碎在美國，確有過威風八面的時光。

和味的「甜酸豬肉」視為名菜

就所知，西人之所以愛吃中國菜，不僅見而悅之（中國菜的色一般不及西菜，更不如「東洋料理」），還欣賞中國菜底香與味的調配到達和的境界。如美國人愛吃且視之為名菜的「甜

鼎鼐雜碎

冷飯炒得香，要加些作料

首屆割烹大賽，「南蠻」團隊名落孫山，並非評委有所偏袒。

未煮成的飯，當天吃不了，留語明天，以醬油或加其他作料炒之，謂為「炒冷飯」。

「回鍋肉」是炒的川菜，卸名正言順，把熟的豬「肉」切片，再「回」到鍋裏炒之。

篤鶴西歸有年，精繪藝又擅割烹之藝海高人張大千居士，隨乃父居禮濱時，一次奉命錯買不能弄「回鍋肉」的豬肉，被乃父大罵一頓以後，開始注意割烹這宗事，導而發生興趣。

冷飯與「回鍋肉」，要炒得好，也要費些功夫。

工藝路綫走不通的

「扒格子」另有「抄襲」與「炒冷飯」的名堂，祇撒字過紙，毫無新義的「扒格子」，就是「抄襲」，把別人的文章，加新的資料，或不同的觀點與角度，再在紙上出現，則稱之為「炒冷飯」。

讀本刊一四六、四七兩期，江獻珠的「廣州美食節以外」的文章後，認為還可值得一炒的冷飯，自然要加些「料頭」及蝦仁雞蛋等。惟是炒得是否香、鮮、軟、滑，這要品嘗以後，纔知其然與所以然。

打從超越社會九大名廚，多年前在舊金山亮相過廚藝，予品嘗過的食客以「中看不中吃」的印象後，海外在紙上弄刀鏟的，不斷狠批中菜割烹，走「工藝」路綫，是一條死路。向來大搞「美學烹飪」多年之超越社會，終於發現，「工藝」路綫是走不通的歪路，大下決心，於八八年五月十八日，烹飪大賽開幕之日，宣佈徹底改革。

憑甚麼譜尺作評審

改革的項目不少，要求現役廚林高手，以至學習中之未來廚師，「在味覺藝術上狠下功夫」，是重要項目之一。

第一屆烹飪大賽，「南蠻」團隊名落孫山，有些人覺得出奇！難道當年「食在廣州」的美譽，是「南蠻」自己杜撰的？如果明白請室貴胄之評委得杰，可能從來沒嘗過廣州的「大馬站」，四邑的「鹹蝦砵頭」，順德的「炒鵪鶉鬆」，請他老人家作出評判，以瀋陽的「松樹猴頭」，或三十年代北京「東興樓」的「爆雙脆」作割烹優劣的譜尺？說起來也使他老人家難為。故「南蠻」團隊，在首屆大賽中，沒甚光彩表現，並不意外。

外行難做好內行事

請「南蠻」頭須葉選平，作川菜的評委，還評出一些道理，因四川十多個縣，有客家人，而川菜又有不少客家菜。要是請他作貴州或內蒙菜的評委，可能像老鼠拉龜，不知從哪裏入手？新興的海南菜，請沒離開過廣州的「南蠻」作評委，同樣摸不到門徑。不若請在南洋州府走過埠的華僑作評委，還可道出「海南雞飯」是怎樣的。

超越社會以「外行領導內行」的事多得很，搞烹飪技術比賽，以「外行」作評委，又算得甚麼一回事。

故「南蠻」團隊，在首屆參賽，未能出頭露角，絕非評委諸公的評判有甚麼偏袒，而是評委不盡是「內行」。

讀二屆大賽評委之一，「首都賓館」劉俊卿的談話，便知大概。

評委要具綜合質素

劉俊卿說：「作為評委，原則上應精通本幫，旁及外幫。但這次評審工作中，卻遇到一些問題，主要出在對民族地區如何打分上。內蒙、新疆、寧夏、西藏的麵點，有各自的特點，應該怎樣評？不能用漢族烹飪的尺度去衡量。我想，今後是否能組織評委到特殊地區去學習、品嘗，有目的地訓練出一批全國性的考評班子來。」

另一評委郝苗說：「作為評委，要具備綜合素質，有人提議，評委也應經過考試產生，我看可以考慮。」——見《中烹》總字八四期。

依兩位評委的話反映，有若干評委，似未「具備綜合的質素」，即使不算是「外行」，也不免有斤両未足之嫌。所謂「綜合的質素」，最低限度，對中國各地的餚點，見過不少，吃過不少，所以「南蠻」團隊在第一次大賽，沒甚好表現，稍知割烹的，毫不覺得出奇。

刀章功夫較易學精

靠「三色龍蝦」弄得金牌之「南蠻」特廚黃振華語江獻珠：「廣東廚師不注重刀功，與北方廚師一比，高下立見。指定兩道菜，都未獲任何獎牌。」黃師傅大概一時忘記，「南蠻」有過「食在廣州」的美譽，不是靠手把眼見的刀章功夫，而是掌握了氣味是餚饌的靈魂。

藉精湛刀章功夫，獲致金牌或特廚美譽之北方廚師，做講究

30

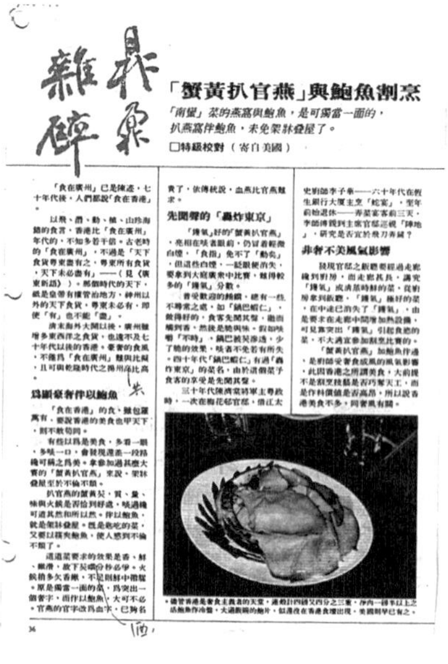
鼎鼐雜碎

「蟹黃扒官燕」與鮑魚割烹

「南蠻」菜的燕窩與鮑魚，是可獨當一面的，扒燕窩伴鮑魚，未免架牀叠屋了。

□特級校對（寄自美國）

「食在廣州」已是陳迹，七十年代後，人們都說「食在香港」。

以飛、潛、動、植、山珍海錯的食肴，香港比「食在廣州」年代的，不知多若干倍。古老時的「食在廣州」，不過是「天下食貨粵東盡有之，粵東所有食貨，天下未必盡有」——（見《廣東新語》）。那個時代的天下，祇是皇帝有權管治地方，神州以外的天下食貨，粵東未必有，即使「有」也不能「盡」。

清末海外大開以後，廣州雖增多東西洋之食貨，也遠不及七十年代以後的香港。豪奢的食風，不僅為「食在廣州」難與比擬，且可與乾隆時代之揚州比高。

為顯豪奢伴以鮑魚

「食在香港」的食，雖包羅萬有，要說香港的美食也甲天下，則不敢苟同。

有些以為是美食，多看一眼，多吃一口，會發現還差一段路纔可稱之為美。拿參加過甚麼大賽的「蟹黃扒官燕」來說，架牀叠屋至於不倫不類。

扒官燕的蟹黃芡，質、量、味與火候是否恰到好處，味過纔可道其然和所以然。伴以鮑魚，就是架牀叠屋。既是兼吃的菜，又要以孖夾鮑魚，使人感到不倫不類了。

這道菜要求的效果是香、鮮、嫩滑，故下芡體分秒必爭。火候稍多欠香嫩，不足則鮮中帶腥。原是獨當一面的菜，為突出一個奢字，而伴以鮑魚，大可不必。官燕的官字改為血字，已夠名貴了，依傳統說，血燕比官燕難求。

先聞聲的「轟炸東京」

「鑊氣」好的「蟹黃扒官燕」，亮相在食客眼前，仍冒着輕微白煙，「食指」免不了「動矣」，但這些白煙，一眨眼便消失，要拿到大庭廣眾中比賽，難得較多的「鑊氣」分數。

曾受歡迎的餚饌，總有一些不尋常之處，如「鍋巴蝦仁」，做得好的，食客先聞其聲，繼而嗅到香，然後是脆與味。假如味嚐「不時」，鍋巴被芡滲透，少了脆的效果，味者不免若有所失。四十年代「鍋巴蝦仁」有過「轟炸東京」的菜名，由於這個菜予食客的享受是先聞其聲。

三十年代陳濟棠將軍主粵政時，一次在梅花邨官邸，借江太史廚師李子華——六十年代在恆生銀行大廈主烹「蛇宴」，翌年前始退休——弄蛇宴客前三天，李師傅親到主席官邸巡視「陣地」，研究是否宜於飛刀弄鑊？

非奢不美風氣影響

該現官邸之飯廳要經過走廊纔到廚房，而走廊甚長，講究「鑊氣」或清蒸時鮮的菜，從廚房拿到飯廳，「鑊氣」極好的菜，在中途已消失了「鑊氣」，由是要求在走廊中間增加熱設備，可見靠突出「鑊氣」引起食慾的菜，不大適宜參加割烹比賽的。

「蟹黃扒官燕」加鮑魚作邊，是廚師受奢食成風的風氣影響，此因香港之所謂美食，大前提不是割烹技藝是否巧奪天工，而是作料價值是否高昂，所以說香港美食不多，同奢風有關。

・儘管香港是奢食主義者的天堂，連殼計四磅又四分之三重，淨肉一磅半以上之活鮑魚作冷盤，大過飯碗的鮑片，似還沒在香港食壇出現，美國則早已有之。

34

▶ 陳夢因在《飲食世界》「鼎鼐雜碎」專欄發表飲食評論文章。

酸豬肉」，味道既甜又鹹，酸而且辣，但任何一種味道都不突出，變作非鹹非酸非辣，與味覺接觸後又十分融和，由是承認這樣調味技巧是一種藝術。假如吃一頓中國菜，其中有蝦、青蔬、牛肉的，部分或全部有梳打食粉的氣味，即使不會引起反胃，也低減了食的興趣。七彩繽紛如畫圖的菜，固使人見而悅之，但是像藤鞭的「肥牛之腱」、怒髮衝冠的魚翅、全沒肉味的葷湯，一經觸壓覺、味覺審核，不會裁定是美食。

中國菜對色特別重視，似始自二次大戰以後，受西人食客的影響。美國東部中菜館的炒菜的做法，幾乎全用大獻，為了遷就美國西人食客。西人所以愛吃多獻、大獻的菜，則由傳統的法國菜影響。二十世紀初期，中國輸入一種可冒充葷味的調味品，方便了菜館業，也減低了成本，普遍採用以後，中國菜底味的調配也形成了反傳統。如今有些廚師如缺此物做菜不知如何下味，已屬司空慣見。

傳統中國菜的割烹，有若干已不合時宜，反傳統的也未必全對，香港既是重視食藝的社會，則「食在香港」的中國菜，有若干地方似該作再反傳統的先驅。如必用梳打粉醃漂材料的做法，可否放棄或所改善？

西方菜最吃香的法國菜也不是傳統的，而是反傳統的法國菜。反傳統法國菜的興起，還是近二十年的事。一九七八年一月在香港吃喝各種各式中國飲食的法國食家及名廚，多是反傳統派的。最出名的反傳統派廚師布駒士（Paul Bocuse），且獲總統頒贈榮譽獎章。

反傳統的法國菜一樣有很高的風格和高度享受，割烹則以 High Low Cusine 為原則：少脂肪、糖、酒、香料、調味品，作料則盡可能用活的及最鮮的。多吃、常吃這些菜，購新衣也不必改買大碼，衣袋裏邊也用不着常備如降低血壓的藥丸等藥物。

中國熱造成中菜吃香

據説雜碎原始是廣東的鄉土菜為經，祭祀及喜慶筵席的菜餚館也兼辦筵席。食客以四邑或中山籍的華僑為多。三十年代前在美國經營菜館，要吃苦唸經的。羅斯福做總統後，美經濟雖好轉，中菜業依然是華路藍縷。直到九一八蘆溝橋事變發生，接踵而來的一二八滬戰，其後的堅苦卓絕的抗日以及把日本會發動太平洋戰事的消息先告訴美國，一向被稱為「東亞病夫」的病夫，自九一八以後有了一連串石破天驚的表現。視炎黃子孫為「猜那民」（Chanaman）的美國人，至此不得不另眼相看。珍珠港事變發生後，無論在朝的、在野的，多想同炎黃子孫交個朋友，對中華文化藝術也掀起濃厚興趣。四十年代以後，在美被捧紅的畫家、作家同當時的政風其實也有關係。張大千、曾景文等作品，一再在各州博物館出現，「土紙」、「土生華僑」黃玉雪底『五小姐』的刊行，都在這個年代。中華薰風既吹遍美國朝野，屬於中華文化的一部分的中菜業，也同沾到一些過往沒有的好處：增多的並非黃臉孔的食客。

各地唐人街古董店也生意興隆，穿了清代朝服、工筆繪的祖先像，一時也成為暢銷的視覺藝術。藍領白領階級以至豪門富戶底居室的裝置，即使沒有甚麼真或贋的中國古董或瓷器，也懸掛一幅中國人的工筆祖先像。Oriental Touch 一語（可譯作接觸東方）的流行，也是始自四十年代。

利潤優厚已成過去

西人假中菜館宴飲酬酢，漸成為風尚。家庭主婦弄的家常或宴客的菜，也高興弄一二個中菜如「春卷」、「胡虜肉」（甜酸豬肉）以示懂得中華文化。英文的中國食譜也陸續出現。到七十年代前後，全美教人做中菜的西人專家教授，相信不會少過一千人。

有數千年歷史的中華飲食文化，當比清代的工筆祖先像更具吸力。在西人聚居的區域，開中菜館也不斷增多，且都有相當數量的西人食客。抗日英雄蔡廷鍇、張發奎將軍先後訪美受到前所未有的盛大歡迎，無形中也替「中國熱」扇風，替中菜業作啦啦隊。

炎黃子孫在美國，是少數中又少數的民族，中菜業在四十年代開始的超額發展，可說由於「病夫」一連串石破天驚的表現開其端。要是沒有悠久歷史文化的支持，一股龐大「中國熱」的烘托，儘管烹飪專家與名廚多如天上之星，相信中菜業在五十年代前後，未必會形成為美國華僑一枝獨秀的事業。

梁小姐的大文還道及「港台移居美國人士，更以競做菜館為主。……考其原因，不外利潤優厚，較易發展。」

來自港台及越南的炎黃子孫，較多從事菜館是事實，可是利潤優厚已成過去。靠這個行業作糊口計還不難，「發展較易」則不見得。一家菜館的經理與頭廚是二而一、一而二的，甚至夫妻父子都是主力。要維持「較易」，要有甚麼「發展」是很有限的。

一家有一百二十個座位的菜館，廚房的五雙手，每月如要支出最低工錢，不會少過五千。單是賺回廚房這筆工資，已不太容易，何況還有其他？二十年前，做菜館撈到盆缽皆滿的，在所多見。七十年代以後，經濟衰退，通貨膨脹無止境，已予中菜業不少打擊，其後能源引起的問題，益使業菜館者百上加斤。有舊批租約或自置樓業的菜館，即使門前有車水馬龍之盛，利潤已大不如前了。美國有些可稱為地王區的菜館，十年前不會有出讓的，如今割價求售的，已非絕無僅有了。總而言之，中菜館雖不斷有新開的，景況則今不如昔了。

英文的《觀察》雜誌，五月刊載一篇與飲食業有關的專文，也說近年經營菜館的風險很大。（一九八零年）十個月內全美新開菜館五千一百五十四家（包括中菜館），其中七百八十八家因營業不振關了門。又據美國銀行的統計，新開菜館有百分之八十以上，因無法維持而停業。

東洋料理市場已擴大

中菜業的流年不利，已是無可諱言的事實，卻有另一種東方菜「東洋料理」好運當頭。一九八零年始，美國各地的「東洋料理」多有客似雲來的景象。此中原因可能是：

一、「東洋料理」的見而悅之，一般比中菜好。美國的中菜烹製，多在一個炒字中打滾，且不大注意「美食不如美器」的配合，致見而悅之的效果欠佳。

二、中菜及「東洋料理」同樣以味精為主要調味品，頗合美國人口味（一九六八年前，美國嬰兒食物也加味精製造，可見牛扒世家的美國人也是吃味精世家）。但是中菜不少副作料、味料也加味精製造，廚師動鑊殼時再加味精，往往用了過量也沒發覺。一九六八年美東鬧得滿城風雨的「中國菜館症」，便是用了過多味精引起。而「東洋料理」不比中菜複雜多變，濫或過量用味精的機會不多，啖後也少些不良反應。

三、東洋料理的烹調，脂肪不多，符合近二十年興起的反傳統法國菜的「低熱量」（少用乳酪、酒、脂肪、香料）、高享受（製作不馬虎）及美國「健康食物」（以黃豆弄成豬、牛扒的素食）的原則，常吃多啖，惹上「富貴病」的機會較少——血壓高、糖尿、心臟病等，不慎染上的話，精神體力的活動都受到很大限制，很多事不能做。對於大富大貴的人們過着不須勞動的生活，中國人稱之為「富貴病」。

「富貴病」對美國人的威脅愈來愈厲害（一九八零年死於心臟病者百分之四十強），也威脅到政府（衛生醫療的支出增加龐大）。招致「富貴病」的原因多半由於飲食。八十年代可說是談膽色變（膽固醇）、説脂（動物脂肪）心驚的年代，加上食物被污染的情形日甚一日，「東洋料理」還算低「脂」少「膽」，被污染也不太厲害。

中菜無論掛上甚麼名堂，多在「正宗」的圈子打轉，端到桌上的，大部分是多脂厚味的，有否污染（如防腐劑、食物色素、凝固劑、乳劑等化學藥物）很少人顧及。

同菜館有深切關係的「聯邦食物藥品管理局」六月召開的會議，各種菜館業參加者逾三百人，從事中菜業的只一人出席，足見此業人士少顧及其他。

如果説多吃常吃中菜，可對「富貴病」遠而敬之，當然得拿出實質的證據。如燒味沒有花紅粉，其他菜餚少用化學製劑，做菜用的不是動物脂肪等，則美國炎黃子孫從事中菜業，發財致富的機會不會少。

由梳打食粉氣味

談到食在香港

世界食壇最吃香的東方菜是中國菜，西方菜是法國菜，不同意這種說法的人很少。如有西人想遍嚐各式各樣中國食品及等級不同的中國菜，問中國朋友哪個地方最理想，被問及的，即使不是土生土長的香港人，也會說「食在香港」。此人如果是「南蠻」，知道過往有「食在廣州」這句話，也同樣會說「食在香港」的。

香港人以炎黃子孫佔大多數，管治香港的卻是大不列顛人。炎黃子孫說中國的食「食在香港」，似乎數典忘祖，但是擺在眼前的事實，也不能不承認：香港以外任何一個地方，包括整個中國土地，有哪一個地方像香港一樣，有林林總總的中國飲食？又有哪一個地方嚐到各式各樣的、平凡至精美的、古典的、奢食的以及最新潮的中國餚饌？

熊掌與魚香港可得而兼之

比如說，江南人視為天下至味的大閘蟹，每屆「九月圓臍十月尖」的季節來臨，香港就有大量活的供應。譽滿全球的中國火腿，浙江的、雲南的，香港還是個大的聚處。北京的爆、涮、烤羊肉和填鴨，兩廣的三蛇，珠江三角洲的禾花雀，要游到巖子岩產卵的鰣魚，無不應有盡有。古今傳誦的熊掌與魚，香港是可得而兼之的所在。孟夫子如下凡到了香港，弟子們以魚與熊掌供奉，如夫子嫌香港的魚太重洋味，要吃開封有名的金絲鯉，同樣有辦法。又如湖南人嫌黃河鯉不及「譚廚」的「畏公鯉魚」的肉嫩味鮮，則香港經常有來自廣州的，不滿一斤的公鯉。正統「譚廚」曹四做的「畏公鯉魚」，據說得自譚延闓先生專翁的真傳。譚老太爺在清末居官廣州多年，愛吃「薑葱鯉」，民國以後退休返湘，家常菜餚仍多粵式。及曹四入譚家主廚政，老太爺或其家人把「薑葱鯉」的烹製法告曹四，故「畏公鯉魚」原始而正宗的作料是廣州魚塘的。豪門富戶或國際食家發思古幽情，要嚐清代最豪奢的「滿漢」，香港比其他地方供應方便，雕龍鏤鳳的「滿漢」盛具及擺器，香港起碼可找出十套，這是任何中國地方一時弄不出來的。依上所說，雖東拉西扯，已非香港以外任何一個地方容易弄得來。這樣說來，太空世紀中國的食「食在香港」又不無道理。

食林高口的食家、廚林高手的名廚、教人做菜的烹飪專家，香港多如過江之鯽；著述食譜的名廚專家，也以香港最多。烹飪比賽每年都有舉行，一九七八年還有職業及業餘的菜式設計比賽，為中國食史寫上新頁，足見這個社會對食藝的重視。也有人說，香港的中國菜可列為美食的固多，金玉其外（重視菜餚的色、香、味、時，意則不大講究），敗絮其中（青蔬、牛肉、鮮蝦多用梳打粉或梘泡水醃漂，養分損耗還是其次，醃得過分則作料失本味，漂不清則入口便觸到梳打或梘水氣味）的也至為普遍。其實，從事割烹的，如肯尋求其所以然的話，醃作料這回事不一定必需，漂也是可以免的。

倫敦川菜現代化

船王包玉剛是「蜀山第二」常客，既啖川菜，又吃家鄉風味的「蜡糊」。歐美廚師都有「上打雪花蓋頂，下打老樹盤根」的能耐。

雜碎在美吃香，人說始自四十年代；中菜業成為美國炎黃子孫一枝獨秀的事業，卻在二次大戰結束後。雜碎館到四十年代才不斷增加，由於求而供，但求的卻是西人。所以不斷增加，並非亮相了甚麼烹飪藝術高招，只是受了「中國熱」興起的影響。

「中國熱」的孕育，據說是「一二八滬戰」、「七七蘆溝橋事變」後才誕生的。不願作亡國奴的中華民族怒吼，燃起焦土抗戰的火燄。後來太平洋西邊的珍珠港巨型艨艟也吃了炸彈沉沒，益使「中國熱」火上加油，由是對中華文物包括飲食文化也發生興趣。茲試說一二，可見當年「中國熱」洶湧的浪潮：中國畫人來美開展覽會，多了不少西人欣賞。各地唐人街古董店的穿了清代朝服的中國祖先畫像，被視為藝術品，成為搶手貨。由於西人主婦要做中國菜，英文中國食譜的出版如雨後春筍。各大都會固有教人做中菜的專家，甚至人口不足百萬的城市，出現中菜訓練班；大學烹飪系也增多「春卷」、「胡虜肉」等課程。中菜業成為美國炎黃子孫一枝獨秀的事業，大概是如此這般形成的。

由於求過於供，又因當年的移民法所限，申請唐人廚師來美殊不容易，遂使雜碎廚成了吃香的職業，月入所得不少於初級工程師。但雜碎廚的能耐與速度，有非太平洋東邊的中廚所能想像的：一小時內弄五至六十個，七吋至十二吋碟的不同菜式外，還要懂得「上打雪花蓋頂，下打老樹盤根」等雜耍——「沙律」、「洋葱湯」、「焗牛肉」等。其時雜碎館的招牌下多標明「中國菜兼美國菜」，此因食客「唐和番合」的吃法不少，先吃「春卷」，再喝「餛飩湯」，然後吃「焗牛肉」。

雜碎廚弄菜的速度高，全因一雙手管一對二十二吋鑊，一如用電鈕控制火候的炸鑊，始於二次大戰前後，應付愛吃「春卷」及「炸蝦」食客的需要，克里夫蘭雜碎館「陳炒麵」的東主陳宗宏先生想出電鈕控制火的長方形炸鑊。這些都是為了多求而想出足供的方法。至今全美中西菜館的炸鑊，同當年陳宗宏式的仍無多大出入。

西歐中菜業的發展，有否受到「中國熱」的影響，則非所知。不過，十年前倫敦蘇豪區的中菜館，大部分同香港新界人士有關，卻是眾所周知的。法、比、荷的中菜館，新界人士做老闆的也不少。

中菜業在美在歐都可生根，究竟西歐美國的中菜水準如何？這是很難一概而論的。惟有一點是共通的：歐同美的中菜廚師都具「上打雪花蓋頂，下打老樹盤根」的招式。像瑞士蘇黎世的「香港」，主理廚政的張先生，原是楊志雲先生粵菜系的兵馬，但「香港」的菜譜，實集粵、湘、川、魯菜的大成。逾二百座位的菜館，弄各種地方菜，在廚房裏飛刀弄鑊的，不過四雙手八隻腳，同美國廚師相比，正是你既有乾坤，我何嘗沒有日月。

現代化已成為流行語，菜館業也講究現代化，尤其香港，不斷創新。以川菜論，最現代化的川菜是香港，而非大陸。大陸川菜的現代化，只是一些「看菜」如「熊貓戲竹」等，其他是談不上的。

香港川菜的現代化，是為了適應過現代化生活，包括西人的食客需要。所謂現代化，一言以蔽之，是既麻又辣且燙的「麻婆豆腐」，以當年推雞公車的賣油郎啖過的麻、辣、燙分量說，卻差得太遠，可是，要多加麻、辣、燙就少了食客。香港川菜的現代化要數起典來，是始自四十年代希慎道的新寧招待所。桃李遍天下，且已發了財的陳建明師傅，在這方面是下過功夫的。

倫敦川菜館不多，在西區的「蜀山第二」的川菜，頗具香港現代化的川菜風味。主理廚政的卻是福州人劉友欽。他又怎會弄像香港的現代化川菜呢？經過打聽後，才知劉友欽是香港去的，廿多年前在鑽石山的川菜館學藝，出道後在同陳建明有關的川菜館弄過多年刀鏟才去倫敦。

香港船王包玉剛是倫敦的常客，也是「蜀山第二」的常客。包船王啖川菜外，也不忘家鄉的「蟮糊」。每見船王光顧，開出的菜單必有蟮糊，船王亦「食而甘之」。

「蜀山第二」賣樟茶鴨，也賣「北京填鴨」，可見歐美中菜廚師都有「上打雪花蓋頂，下打老樹盤根」的招式，不然，他們不可能有這樣的成績。

多吃味精無益

三十三期《飲食世界》狄奇的文章說，香港消費者委員會為市民服務，最近又做了「試驗點心」，列出所含各種養分，奉勸市民不要吃太多點心，蓋因味精作祟。實驗報告說點心所吸收味精約為五克，如果一日三餐上茶樓，所吸收的味精超過六點五克。據醫學界指出，一個體重一百二十磅的人，每日不應吃進六點五克味精。

一九六八年美國東部中菜館因用味精過多，鬧得滿城風雨。中菜館瀕臨被一網打盡的邊緣，後雖大事化小，但影響及於美國，嬰兒食品製造商也宣佈今後嬰兒食物製造不加味精。味精是二十世紀飲食業的秘密武器，以太平洋兩岸說，似乎找不到一家不用味精的中西菜館。西德醫學家說，日吃少量味精對腦細胞有益，超過五克則對身體有害。最近醫學界還發現，有貧血症者更要忌食。因血中養分不足，味精妨礙鐵質的吸收。又說烹煮菜蔬不宜加味精。怪不得常見茶樓的茶客，少血色的面孔不少。有錢上茶樓，面上不該少血色的，是否與多吃味精致妨礙鐵質吸收有關？

粵點不特為粵人愛吃，近年美國有唐人街的地方，也多專賣點心的茶樓。西人男女上了「一盅兩件」癮的不少。西人的午餐，以少吃的佔大多數。「歎茶」這回事雖不懂，香片茶比美式飲料便宜，多喝幾杯也不加收費，花樣繁多的點心選一二碟，正合他們午餐少吃的原則。價錢也不貴，於是也樂於學習阿伯阿姆過其「一盅兩件」的生活。

香港多茶樓，因粵人佔大多數，近年台灣也多賣粵點的食肆，當然有其合乎人們的需要：花錢少，卻可吃多種形式而內容不同的食品，更可隨意選擇，所以粵點盛行世界各地。

薩騎馬是滿洲甜食

粵點花樣繁多，而且集中外食物之大成，化整為零的擺在食客眼前，任由食客選其鍾意的。批是西食中製而音譯，使有些食客視之為新；薩騎馬是滿洲名稱，油香餅是回教食品，滷鴨翼、牛筋等是菜餚的化整為零。

「食在廣州」時代的羊城美點，不過是包、餃等不超過十款，已故全能名廚陳貴初先生說：「廣東點心不過是糖包麵、麵包糖而已。」前一輩的肯用腦筋從糖與麵變出多種花樣。蝦餃是粵點的第一把交椅，俗稱「鄧麵」的澄麵，據說是姓鄧的廣州人創製。香港做得最出色的蝦餃是武昌酒樓（近水坑口之大道西），從前的蝦餃沒人用海蝦的。蝦餃和叉燒包做得不好的茶室或茶居的門前，難有車水馬龍之盛。

味精的發明，雖減低點心的成本，惟就味道說，不少鹹點要是閉上眼睛吃，吃的是甚麼不一定很清楚。全以味精作味的「帶頭作用」的菜餚，也啖不出高潮，更難有所謂吃出神仙的效果了。

飲食行業用味精是免不了的，講究美食的美食家、寫食譜的名家筆下，也常見用味精若干錢，倒有點匪夷所思。老拙對吃喝雖不大講究，在羣性的社會中，飲食酬酢不能或免，在酒樓飯鋪吃喝，也不能免於味精。家常飲食，一向反對用味精作味的「帶頭作用」，含有味精成分的調味品也避而不用，這是個人偏愛於淡薄的飲食。初不料三十年後，香港的消費者委員會諸公，以科學方法道出多吃味精對個人健康有損。這是消委會諸公的積德，在老拙看來，又覺有些吾道不孤了。

閒話台灣的廚藝比賽

做菜是極複雜的技藝，「炒鑊」中的「高手」，不一定也精於「刀章」功夫，說弄一兩個菜在賽會中得獎的就是名廚，值得存疑。

報載月前天下名廚雲集台北，參加台灣觀光局主辦的中菜烹調的國際比賽。台北廚師李吉川弄了個「如意吉祥」，十五名裁判評定為最佳的創製，奪得金鑊獎。

這次比賽的章則，沒有在報上見過，似是拾香港的牙慧。香港的這類比賽多是公開的，黃毛丫頭、名流師奶、大家閨秀、廚娘、小店號的伙頭將軍皆可參加，都有奪標的機會。弄出來的菜，只須評審的專家或名流認為有新意，色、香、味、形俱佳就可獲獎。

台灣這次舉辦的，是國際性的比賽，參加的全是職業廚師。比賽的章則要是與香港差不多，似未夠完善。弄一二道菜的廚師，被評定為最佳的廚師，很值得存疑。做菜，尤其做菜館的菜，是極其複雜的，即使內行人公認為最佳的「炒鑊」，也不一定精於刀章的功夫。職業的名廚，應該樣樣都精。職業的廚藝比賽，竊以為首先要弄清的是參加者的資格，也該有多種項目。做全雞全鴨的菜，而不懂如何脫骨的，可否稱為名廚呢？美國的建築師，有了學、碩、博銜頭外，還要有四名持有執照的建築師推薦，才准許參加申領執照的考試。美國唐人街的選美，高度、年齡、三圍尺碼等外，還有才藝一項。麗質天生的，要是沒有才藝的分數，不見得可登女皇寶座。弄一二道菜在賽會奪標的廚師，不一定有主理菜館廚政的本領。比獎項目如有菜名設計一項的話，則台菜獨眼龍名廚師吳永晃可獲首獎。他把炒蝦仁改作「裸體集泳」，燉鰻魚命名「黑龍游湖」，這種創新頗為脱俗，還帶點新潮意味。

大概是二十年前，香港食壇名流楊志雲先生，有意推選當年三名全能粵廚之一、已作古人的陳貴初教頭成為在巴黎舉行的國際烹飪比賽的中國菜代表。這因陳先生是粵菜館廚房八個部門都可動手的全能廚師。其後沒參加的原因則非所知。

職業的廚藝比賽，比非職業的更重視做菜的準備與製作時間。年前自大陸赴美宏揚廚藝的九名廚師，一次亮相，花了整天功夫弄兩席菜，到客人按時入席，坐在食桌上三小時，才見到最後一道菜，把太多時間花在「見而悦之」方面，是不夠自由世界底「現代化」的。至於職業性的廚藝比賽章則該如何？菜館業外的人們是無法代庖的。

味道的調配有三派

就報上所見，這次的比賽，特別看重菜餚的色，香、味似不大講究。評判員之一在會後說：「衷心贊同舉辦國際性的金鑊獎中菜烹調比賽，讓全世界喜愛中國菜的中外食客，都知道甚麼才是真正的中國菜，最好的中國菜到底是甚麼味道。」

中國菜的味道是怎樣的？大體上有傳統派（調味品中沒有味精，例如香港菜館用乾貝、火腿、鮑魚等作料的「佛跳牆」）、以搶喉作料做味的「帶頭作用」的現代派（廚房調味架絕不能沒有味精）、唐和番合派（龍蝦沙律），更有新潮派（象拔蚌生吃蘸辣根）。台、港以至歐美的中菜的味道，幾全是現代派或唐和番合派與新潮派混合，傳統派因工料成本過高，太平洋兩岸不易找到一家，讓中外食客品嚐哪一派的中菜味道好？

最好的中菜味道是厚、薄、濃、淡，有層次有高潮的。現代派的菜，不容易嚐到層次分明的味道。受東洋料理影響最深的台灣菜，很少有層次分明的傳統派的味道。江浙傳統的「蝦子海參」，海參的裏層也有蝦子的鮮味，但台灣高級江浙菜館的「蝦子海參」多是現代派的，若把黏在海參外面的蝦子獻用水洗掉，海參是淡而無味，且沒有蝦子的鮮味。由此可以推想住在台灣的名食家左治葉（公超）先生最愛吃陳子和先生烹製的海參，那是屬於傳統派的烹調。名流劉世達先生請客吃魚翅或清蒸海上鮮，一定光顧郭蘇榆經營的蘇園，為的是可嚐到傳統派烹調的味道。又如川菜麻辣的尺度是否屬傳統？藝海高人張大千居士能夠清清楚楚的道其詳。故都以山東東山府派菜為經的京菜味道是怎樣的？甚至揚州白湯麵的白湯，熬製及味道是否合乎傳統標準？瞞不過文林高手的唐魯孫先生。

這次此賽也選出五名最佳廚師，台灣觀光協會會長袁仲珊説要組織一個中國文化美食訪問團，前往世界各國巡迴推廣，把優良的中國菜餚介紹給國際友人，這是一宗好事。不過如果以為辦過金鑊獎，又有五位最佳廚師作基幹，就可以向世界食壇介紹中國菜餚給國際友人的話，要提防重蹈大陸九名廚師來美獻技的覆轍：美國食評家如舊金山江尼固日報（*San Francisco Chronicle*）專欄作家俠京（Herb Caen）說的：「……名菜設計雖極『中看』，惜乎啖而無味，還沒有本地中國菜館的中吃。」

知道甚麼是美的味道，台灣大有人在。但業菜館的，傳統的東西失落太多，繼往開來都會遇到難題。要把優良的中菜介紹給國際友人，則那些外形現代化，香與味傳統化的中國菜，讓人冒「不中吃」的險看來會較少。

美國中菜館起革命

「順乎天應乎人」的需要，及順乎自己的發展，於是革味精的命。

人說廣東的廣州是推翻五千年帝制的革命策源地。如果中菜業在太空世紀也發生革命的話，就所見，策源地不在中國或中國人聚居的地區，而是美國北加州的灣區。

中菜業也會發生革命？不少人會認為是新聞。

人世間既有反帝、反極權等各種革命，家庭也有革命；十八世紀發生在英國的產業革命，就是工業革命。從事菜館業的，為了菜館的存在和發展而革命，至為尋常。

中菜業在國內、外，依歷史看，有較好的發展，始自民初以後。能有好的發展，因素甚多，如味精的發明，其後科技進步的日新月異，弄出來的冷藏設備、碎肉機、自動炸鑊及近年的微波爐等，都是中菜業的發展的先鋒。五十年來在現代化地區開設中菜館，不用味精做菜及沒有冷藏設備的，可說鳳毛麟角。

萬物之靈所需飲食，因科技進步的日新月異，患不均的情況已大為減少，「禍從口入」的機會則不斷增加。衛療專家這幾年不斷指證若干含有化學製品及過量味精的食物，對人的健康有不良的影響。講究養生的，對飲食的選擇，也盡可能的避免「禍從口入」。業菜館者審時度勢，在「顧客永遠是對的」大前提下，做菜索性不用味精及化學製劑的附加物，如食用色素等。不料耍此一招，正符合了「急進根本之變革」的革命實義，所以說，中菜業的革命業已開始了。

在五湖四海闖蕩的日子不少，老拙見過中菜館在報上刊廣告，菜譜上面刊印不用味精做菜及食物色素字句的，第一家是賣川菜的「川亭」，第二家是賣湘菜的「湖南小喫」。這兩家菜館都開設在北加州的灣區，則中菜業的革命策源地是美國了。

清理垃圾也有法律的美國，開菜館的敢聲明不用味精做菜，等於菜館自訂的法律。立法者如不守法，幹其「明修棧道，暗渡陳倉」，鬼鬼祟祟的用味精的勾當，若被食客或啖過味精有不良反應的食客發現有據，這家菜館會被控告，賠償若干還是其次，說謊的罪過還大。權力最大的總統，會因水閘事件而下台，錯在不承認偷聽而已。美國與「謊話說了千遍，也就成為真理」的社會不同，做了不該做的事而不肯承認就是說謊，說過謊的總統也要下台，何況菜館？一經公堂審訊，免不了如香港法庭新聞版常見的「官判有罪」。要是沒有在廣告或者菜譜上的白紙有不用味精的字句，是絕不會吃官司的，這因做菜用味精，在美國合法。

過往有人說過，開菜館不能沒有味精。用味精做菜，少些成本，成本低的貨品，即使不賣高價也較易賺錢。「川亭」與「湖南小喫」的東翁，都會飛刀弄鏟，自然懂得味精的奧妙，聲明不用味精做菜，等於「革」味精的「命」。推翻統治者的革命，會冒生命的危險，「革」味精及化學製品「命」的菜館，也會有門堪羅雀的險，「川亭」已經營多年，並沒有門堪羅雀這回事。舊金山升審街的「湖南小喫」開業的日子不久，是一家超過二百座位，還有酒吧的菜館，午餐兩頓的食客，先在酒吧間打發日子，恭候食桌輪空位的大不乏人。

「小喫」的客，西人佔大多數，文字橫行的權威食評家說「湖南小喫」是加州五家名菜館之一。至於「小喫」的菜是否「正宗」？色、香、味暨裝飾款待等怎樣？這要等專家才可說出其中道理。但是「小喫」午食晚餐時間出現的人龍，倒頗為業內業外人們欣羨的。

味精做中菜館出品底味的「帶頭作用」超過半個世紀，誰想會有革味精底命的一天？其策源地且在國外。生活在現代化都會的人們，不願意「禍從口入」的佔絕大多數，「川亭」與「湖南小喫」所以「革」味精的「命」，不外是「應乎天順乎人」，也順乎自己的發展。

做菜用味精，等於填色圖案，很難臻於藝術境界。老拙的《食經》，三十年前對味精已遠而敬之，今竟有人「革」味精的「命」的菜館，吾道不孤歟？

大陸高手

廚藝較量

多妻主義的時代已過去，滋陰補腎的「龍虎鳳」，已非普受歡迎，其中的「虎」，很多人遠而敬之。

假如香港或美國，有一家菜館願重金禮聘曾在台灣職業廚師比賽獲獎廚林高手五名之一，或八三年十一月在北京舉行的職業廚師比賽以熊掌等菜的割烹榮獲第一名廚銜頭的劉敬賢主理廚政，他們也許有興趣來。如果附帶一個條件，一年內不能替菜館賺錢沒問題，但營業數字比過往下跌百分之三十以上，少支薪金三分之一，他們不一定有翻江渡海的膽量。問題不是他們的刀、鏟、爐、鑊的本領不夠或不好，以一個精通廚房八個部門而又有多年主理廚政的粵廚為例，原是最理想的人物（時下有八個部門經驗的粵廚沒百分之一），也不能保證可為這家菜館賺錢，即使這家菜館的資本、組織各項極為完善。問題是菜館的行業是動的、複雜而多變的，刀、鏟、爐、鑊的內內外外有學不完的學問。

這幾年在美所見，來自港台經營菜館的專家名廚不少，嘗過滑鐵盧滋味的大有人在。難道他們吃了半輩子菜館飯的專家名廚的經驗或技術不夠、不好？問題在天、地、人的環境有所不同，為飲食而付出的及要求的效果也不一樣。簡單如弄「脆皮雞」的高手，用了食物中心的雞做「脆皮雞」就無法脆皮，一定要用唐人街雞。雖然唐人街的雞與食物中心的雞同是出自一個雞場的門口。這類內內外外的小問題很多，所以大登「名廚主政」的菜館關門的不少。

對「務實政策」的揶揄

單憑若干評審員，尤其自己不會做菜的，依據個人的口味習慣給予職業廚師一個「名廚」的頭銜，對廚師來説，不一定是福。

大陸要求中國廚藝交流固可，卻不可藉此評定職業廚師技藝的高下。這次如在成都或廣州舉行，拔頭籌的廚師不一定是來自瀋陽的，因評審員較多是川人或粵人，對川味、粵味不免有所偏好。

熊掌等並非創新的菜色，十年來啖過熊掌的，以香港的奢食主義者及東洋人較多，這可翻查大陸出口熊掌的數字和賣到哪個地方去，就可弄得明白。會炮熊掌、會燉或煨熊掌的香港廚師不會少過大陸。割烹熊掌是否到家，夠資格作評審的香港人也不少。

四化還沒實現，大陸逾十億人口，有幾人嚐過熊掌的滋味？讓弄熊掌的廚師奪標，是為了充實國宴的菜色？讓輸出的廚師學習？抑為駐外使節訓練廚師？這非生活在資本主義的中國人能弄得明白。但「熊掌我所欲也」底窮極奢侈的熊掌在大陸吃香起來，使人感到對務實政策有點揶揄。

廣東餚點名落孫山

廣東餚點，這次亮相名落孫山。可能是出錯了拳腳，或是外行領導內行，以為「龍虎鳳」是一着奇招。殊不知「龍虎鳳」的虎，很多人遠而敬之。如果弄幾個平凡的如「蜜汁叉燒」、「白雲豬手」、「紅燒牛腩」、「薑葱鯉魚」等，採百分之百傳統做法，雖不一定在賽會佔鰲頭，也不致完全名落孫山。

就老拙底飲啖官能，在綏、豫、川、陝、雲、桂、湘、冀、魯、皖、浙、贛、閩、鄂及東三省的經歷，像上面幾個大同小異的平凡菜色是有的，但香、氣、味像廣東的可口很少。其他地方的滷水料多是五樣，廣東用的香料起碼有八種，任何香料不能突出，以和為標準。廣東家常湯菜的一個鮮字，除福、川外，其他地方的湯，難與比擬。「譚廚」菜的「畏公鯉魚」，是正統「譚廚」曹四學自廣東的「薑葱鯉魚」。

如果能弄幾款傳統的「譚家菜」——北京飯店菜譜有「譚家菜」，北京飯店名廚也在港亮相過「譚家菜」，都與譚篆青如夫人阿姨所弄的「南蠻」口味不一樣。比黎和小幾歲的香港黎泰師傅已懂弄傳統的「譚家菜」，何況黎和大師？——不僅予中國菜「祭酒」自居的北京飯店頭頭及評審諸公不尋常的感受，甚至參與比賽的各省廚林高手，皆欲得而觀之啖之。因為「譚家菜」在清末民初，有過「戲界無腔不學譚（鑫培），食界無口不學譚（篆青）」的美譽。當年毛澤東回到北京也想一嚐「譚家菜」，惜乎譚篆青及其如夫人阿姨都已駕鶴西歸。

廣東點心要在北京亮相的，不是可與「熊貓戲竹」等「看菜」爭長短底栩栩如生的「白兔餃」，而是有利國計民生，也是全球西人最歡迎的中國之食底廣東點心。評審最高顧問，末朝皇帝胞弟愛新覺羅・溥杰如曉得粵點師傅把滿洲的「煞奇馬」讓歐美西人品嚐過好些年月，也許對粵點另眼相看。

「港式」海鮮在美吃香

「有人辭官歸故里，有人漏夜趕科場。」這句話正可作近年美國，尤其加州中菜業寫照。中文報每週都有菜館開業的新聞或廣告，小廣告欄內，每天也有好幾則菜館出讓的廣告。舊金山英文報七月份刊出一篇洋洋數千言，講做菜館苦經的文章，說年頭開的菜館一百家，年終時有七八十家關門。

五十年代前後，開菜館是美國華僑一枝獨秀的事業，七十年代以後，做菜館已不易把水變財，到了八十年代，投資菜館要防止水變財是一宗吃力的事。一個在商場上長袖善舞的人物，以為經營菜館也一樣可以八面玲瓏，樓業也買下來才經營菜館。開業時的熱鬧場面，頗為行上健羨，不到兩個月，把若干財化了水，才知菜館是可為而不易為的行業，於是把生財道具廉租給別人經營，不在少數。

七八十年代美國中菜館比過去多，生意則走下坡，通貨膨脹無止境是主因。從事這個行業的，也多固步自封（以為有名廚主政及「正宗」的號召，便可無往不利）及因應市場變化的需要（不少食客怕惹血壓高等病，少吃多膽固醇多脂肪等作料製作菜餚。一九八一年六月，聯邦食品藥物管理局召開的會議，各式菜館業者逾三百人參加，這與菜館業榮枯有關的，中菜業者只一人出席，足見對現實漠視），也是不尋常的因素。

沒經驗或經驗不足的新僑，開菜館把財化水，值得同情。但這個行業的老手或主理廚政有相當時日的廚師，開菜館而弄得焦頭爛額的，大有其人。刀、鏟、爐、鑊以內的算盤，他們是很精的，廚房及餐廳以外的，所知有限。如聯邦最大權力的是稅局，一如無所不在的神祇，無時無刻的在納稅人的各種官能裏作祟，因是人人都有其生活預算。菜館很多方面都同這個敬如在的神祇有關，僱一名清潔工人，付出的待遇，如果少過最低規定的話，會惹來極大的麻煩。菜館購買保險的項目，也多過任何行業。故經營菜館，要是對廚房以外所知得不多，也會把財化水。

粥麵專家不賣炒麵

香港銅鑼灣有一家掛「粥麵專家」招牌的食肆，卻不供應炒麵，為的是賣炒麵不易把水變財。原來這爿食肆的一張食桌，四把坐椅所佔面積每月要付千多元租金，如供應炒麵的話，五六分鐘內不能從廚房端出一碟夠「鑊氣」的炒麵，加上食客啖嚼這碟炒麵的時間，會超過二十分鐘，則食客所付炒麵的賬，租值可能佔過半以上，剩下來的，或可夠作料成本，其他開支沒有了，於是這爿「粥麵專家」的食肆，只好炒麵欠奉了。在加州所見，有專家主持，名廚掌政的菜館開不下去，原因之一，有可能是沒學過「粥麵專家」不賣炒麵的一課算術。

「正宗」的甚麼，已不大有號召力，「港式」倒頗流行。賣「港式」點心，「港式」海鮮的食肆都有生意。所以有生意，不外粵諺所謂「大件夾抵食」。

「港式」海鮮菜譜，「白灼蝦」是代表菜，連頭每磅三十隻的凍蝦，約八安士一碟，比「芥蘭蝦球」的成本不相上下，「體勢」則前者較後者映眼，拖熟八安士凍蝦所需時與工，比「芥蘭蝦球」少得多，看起來「抵食」。

舊金山的鹹淡水產甚豐，加上各地急凍的海鮮及空運而來及生跳跳的龍蝦、響螺、鮑魚、蟹、象拔蚌等，細説起來，「美式」海鮮的作料比香港的「港式」多，又由於供應充足，各種石斑的零售價，每磅不過二三元之間，香港的石斑則以每兩算值，故美國「港式」海鮮有食客，還是「抵食」起「帶頭作用」。有香港人到三藩市，同戚友共六人吃一頓「港式」海鮮，不過六十美元，認為「抵食」之極，還説在香港吃同樣的海鮮，要千八到二千港幣。

舊金山灣區的「港式」點心，海鮮食肆同燒臘店一樣愈來愈多，不久的未來，會有粥多僧少現象出現。

開菜館要多開眼孔耳孔

中國飲食文化，的確博大精深，有志於飲食事業的，不妨多張開眼孔耳朵，甚至與吃喝有關的官能也多找訓練機會。飲食的所謂「正宗」，不合時宜的不少，學習「港式」也不一定全對。

天津狗不理包子，「正宗」的餡有肉骨的汁，成都韓包子的餡，用生熟肉各半弄成。如今，到天津或成都，已沒「正宗」的狗不理包子和韓包子。靠「正宗」作號召的食品，已不大吃香，由於少有真「正宗」。灣區有一家「港式」海鮮館的甚麼海鮮湯，閉上眼睛喝一口，全沒海鮮底任何鮮的味道，張開眼看，有些螺乾、海參、蝦仁、鮮魷。這種全沒海鮮味的海鮮湯，約十小碗的中碗，賣價五元上下，似乎不貴，但眼睛雪亮的炎黃子孫食客，看在眼裏，明白這中碗海鮮湯成本不會超過七毫，但不會有甚批評或抗議這回事。不過，在還沒離開這家菜館前，已有只此一遭的決定。所以「港式」可「學習」的雖不少，也不宜於「大力」。又舉一個例：「港式」炒牛肉的牛肉，少有不先用梳打食粉醃過的。香港的牛肉，多來自泰國與印尼，如不醃過，啖嚼時要牙齒大力勞動。在美國，炒牛肉不必用可弄去肉味的梳打食粉醃過，也有嫩軟的效果，因養牛專家底養牛飼料有使紅牛肉的肌理加了脂肪的法寶。肌理滲有脂肪，自較沒脂肪的牛肉軟嫩。

餚點

畫蛇添足等於走火入魔

為了人們的健康，餚點事業無落日，「南蠻」該起來革飲食的命。

為了加速「四化」實現，經濟的發展是重要的一環。半個世紀前，已從事飲食事業的「南蠻」，要求當局恢復「食在廣州」的美譽，招徠更多食客。這對加速「四化」實現，不無幫助，老拙於八三年十月，寫過一則「飲食革命策源地，廣州能否當之？」，刊在《星島日報》「港談版」。

吃了三十年大鑊飯的「南蠻」，一朝要恢復「食在廣州」的美譽，真是千頭萬緒。首先要決定的是：恢復傳統的、現代化的、或是超越現代化的？

八四年初在報上所見，廣州的食肆增加了。「食在廣州」時代的餚點小食，已不少在市場上出現了，但是屬傳統的、現代化的抑超現代化的，因沒嚐過，難置一辭。廣州也舉辦過餚點展覽，參加過在北京舉行的廚藝大賽，還向北京、成都、上海等地看齊，餚與點都搞工藝化。

味精祖家也出現問題

餚點工藝化，不僅對恢復「食在廣州」的美譽沒甚幫助，繼續下去，還會像武俠小說上所說的「走火入魔」，打擊「南蠻」餚點事業的發展。

廣東以外，東南亞以至歐美的「南蠻」餚點，早經現代化，廣州的餚點也搞現代化，便無法恢復「食在廣州」的美譽。華僑或西人遊客，如要吃現代化的「南蠻」餚點，何必到廣州去，此其一。現代化的「南蠻」餚點，多用化學製劑烹調，常吃多吃有「病從口入」的可能。何以見得？下述就是最好的證據：美國經營飲食出版機構，於一九八三出版了在香港中文大學當院長之陳天機博士、江太史女孫獻珠伉儷合著的中國菜食譜，味料中沒有味精若干錢及化學製劑的字樣（如梳打食粉、食物色素等副作料）。同凡味料都用上味精的食譜比，則天機伉儷的食譜已非現代化了。資本主義國度的出版商，見到一個錢字，眼睛是雪亮的，刊行一本味料沒有味精的食譜，不怕血本無歸嗎？自是西人主婦知道現代化的中國餚點，「病從口入」的機會，如癌症、心病較多，希望出現一本超現代化的中國食譜，於是看中陳江的食譜。

提起味精，味精世家的扶桑三島也出現問題：八三年十月廿五日，美聯社消息說，日本癌症中心及癌症學院共同發表研究報告：讓四十二隻白鼠吃含谷氨酸二鈉（即經過高熱烹或燒的味精，也稱之為焦谷氨酸）的食物，若干時日後全染上癌症。

不應有「病從口入」疑懼

現代化的飲食，「病從口入」的機會既多，如要恢復「食在廣州」美譽，不應搞現代化，而是搞超現代化的。

「食在廣州」美譽的出現，早在日本味精未輸入中國市場及中國人也會製造味精以前。全國各地大菜館，把罐裝味精，魚翅等名貴作料放在橱窗裏面，讓食客看見，知道這家菜館的餚饌所以味美，因為有味精調味。三十年代以後，廣州的餚點為了減低成本，也有用味精代替了熬湯的一部分作料，過多則同食客所習慣的鮮味相差太遠，如以數計，十斤肉熬成十斤湯，得鮮一百分，用八斤肉熬成十斤湯，得八十分鮮，用適量味精填補二十分鮮，食客也啖不出同用十斤肉熬湯的鮮有甚麼分別。但都是偷偷摸摸的用，至於把罐裝味精，同魚翅、鮑魚等同放橱窗裏面，就老拙記憶所及，則未之見。味精的鮮比其他的鮮突出，一入味蕾喉壁就觸到鮮。平常談到味精，都以搶喉料替代，大概當時的食客，發現某食肆或菜館用味精做菜，就不再光顧。用味精做菜並不犯法，為甚麼要偷偷摸摸呢？又給味精以「搶喉料」的名稱？其後很多食肆做菜，根本沒熬湯這回事。用味精過分的菜，不特搶喉，而且頂喉，好像多天滴水不沾，要喝大量飲料才可同它對抗。頗多「南蠻」想念「食在廣州」的食，不是搶喉的，而是啖後味蕾與喉壁還留醰醰之味的食。這樣說來，要恢復「食在廣州」的美譽，該從傳統着手了。但完全傳統也淪於現代化，還是保留若干傳統和超現代化為宜。

傳統點心的馬拉糕、蓮蓉包，名菜雞子戈渣、杏汁白肺，都屬可「病從口入」的餚點，馬拉糕與蓮蓉包的香，改用同豬油的香相近的植物油（如美國有些植物牛油是有真牛油底香的假牛油），則多吃常吃，未必會「病從口入」。但含膽固醇奇高的雞腰與豬肺為主料的名菜，該不宜再在菜譜裏面出現了。體內膽固醇過多的，就會出現血壓高的症狀。——有豬腦的魚雲羹、淮杞燉豬、牛腦，都是有害無益的菜，想送錢給心臟醫生的，則不妨多吃。

癌症與心病已被公認為人類健康之大敵，經證實為癌症與心病媒介的飲食，都該遠而敬之。如燒味不再塗花紅粉，味料不用谷氨酸二鈉，麵條不放硼砂等，使食客減少「病從口入」的疑慮。

工藝餚點的路走不通

大陸人多，工資廉，搞工藝菜還有遊客欣賞，如以為工藝菜在海外還會吃香，那就大錯特錯了。來自香港的王教頭錫良老師，八三年十二月，應洛杉磯明星食客最多的伍氏花園之邀，亮相「滿漢精華」後，報上有這樣的刊載：「由於滿漢精華重看不重吃，一位不願透露姓名的美國食客表示，他吃後返家都還要去『盒中傑克』(Jack in the Box) 吃一個漢堡。另一位住在巴沙迪那市的羅傑・威斯說：『這一頓晚餐有如天方夜譚般神奇多變化。』而自聖伯納丁諾開了三小時車，趕來吃這頓『滿漢精華』的劉先生，對這十道大菜不予置評，他說：『我最滿意的是今晚的服務。』」

吃這頓「滿漢精華」，七十五元一客，美金七十五元的價值是多少？它是一個人一個月的伙食費，或在麥當勞速食店吃二十頓漢堡快餐，或在中國餐館享用十頓色香味俱全的中國菜，愛吃牛排的人或可在牛排館吃五頓牛排大餐。

以美國廚師工值計，七百五十元一席「滿漢精華」並不貴，但金元國的食風是「務實」，肯花七十五元吃一頓飯的人有限。

年前上海市因同三藩市結金蘭之好，隨來九名廚師在舊金山亮相過幾天廚藝，所得的評語是「中看不中吃」。美國人的「務實」比鄧小平更先進，以時論值的社會，菜館即使肯蝕本，多花時間人力弄工藝菜，卻少有食客肯每天花數小時欣賞。

應該起來革飲食的命

美國的美國菜又怎樣呢？八三年三月十六日，舊金山江尼固英文報一篇文章詳述美國菜的變最重要的是三點：一、快速簡單為原則，不會為做菜請客，花了整天功夫，且弄至筋疲力竭。二、過去的燒雞、焗牛肉一望便知，如今的燒雞，要吃才知道，多用副作料把形式變化。三、講究味道、養分及盡量避免「病從口入」的疑慮。

加拿大魁北克一家牛扒屋座位不到三百，一到夏季，每日供應二三千食客的需要，在廚房弄菜的廚師及打雜不過五人。

曾是香港楊家班（志雲先生）旗下的廚師張先生，在蘇黎世一家賣京川粵菜、座位約二百五十的菜館主理廚政，他的助手只有三個半人（一人半工）。

「南蠻」餚點比任何中國菜有較大的市場，不過靠賣價廉，出菜快，花樣多。雜碎吃香的年代，做「炒鑊」的，一雙手管兩隻鑊，每小時如果弄不出四十碟菜，會嚐到「敬請另謀高就」的結果。點心有食客，不外是大秤入，小秤出，加上菜餚化整為零。幾層蒸籠的蓋一開，就可填飽數十食客的五臟廟，但食客從腰包掏出來的阿堵物卻不多。把家常或宴會菜化整為零，也是粵點有食客的原因之一。

為恢復「食在廣州」的美譽及「南蠻」餚點業發展到無落日的實現，該從傳統的超現代化的路向走，工藝餚點的路是走不通的。

「南蠻」餚點傳統及超現代化共治，是宗吃力不討好的事。但為「南蠻」及五湖四海吃「南蠻」餚點者的健康和食藝的發揚光大，有勇氣毅力革命的「南蠻」，該起來革飲食的命。

川菜是中國菜頭頭嗎

東洋料理及美國菜為甚麼不死攬他們的正宗與傳統？不斷推陳出新，一改再革呢？此中大有文章。

「中國鉅公和英國女大臣在北京商談大事，拿食經做寒暄話題。這是飲食界樂聞的一項紀錄。在這歷史性的小鏡頭上，川菜固然大大露了一次臉，粵菜則隱隱然獲得了『萬菜之上』的地位，先見品題於北京，繼見揄揚於上海……」

這是在《飲食世界》七三期，東西居士的〈飲食古今談〉抄下來的。當今大陸政壇頭頭鄧小平是四川人，說家鄉的菜是中國菜的頭頭，自是有其分量。就歷史文化各方面看來，川菜的割烹，確也有其不尋常的地方，拙作《食經》第一集裏說過：「川菜的蒸、燉、燻、燒、烤、炒、炸、燴等烹調無不具備，且能綜合各省之長。四川位在中國的西邊，過往交通不便，又怎能綜合各省之長？原來明末張獻忠之亂，殺了很多四川人，到清代平定四川時，成渝等地已呈現十室九空的景象。今日的川人，多是『大西國王』被射殺後，自各省遷徙到四川的。他們到了四川後，飲食習慣口味等，仍和過去一樣。時日既久，同地道的川人的飲食融匯綜合起來，復經過三百年的安定，且是物產豐饒的『天府之國』，於是形成了今日的川菜。」

川菜的割烹雖兼有各省之長，「看菜」的刀章功夫頗為突出，說川菜是陸菜（以陸產作料佔大多數的）係頭頭還有可說，似不能稱之為中國菜的頭頭，這因川菜作料雖「陸產尚千名」卻缺「海物錯萬類」。竊以為，被稱為中國菜的頭頭，做菜的作料，既不缺「陸產」，也該兼有「海錯」。

已作古人之藝海高人張大千居士，逾半個世紀在世界各地大力宏揚川菜割烹技藝；生徒遍天下之川菜名廚陳建明，在港、日、美替川菜打天下市場。直到如今，川菜的「擁躉」還不比「南蠻」菜多，作料少「海錯」可能是主因之一。

「百菜百味」的川菜

鄧小平說川菜是中國菜的頭頭，還把「南方之蠻」的割烹抬出來作副車，使「南蠻」佔一點光。川菜被鄧小平評定為中國菜頭頭，於是與大陸有關的傳播人士，有無奉派大力吹捧川菜，則非所知（像中國新聞社一則成都消息說，近年四十多名川廚奉派到外國開菜館），倒見過一本講飲論食的刊物的川菜特輯。

特輯有一篇文章講川菜一個味字，洋洋數千言，旁徵博引。強調川菜的割烹「一菜一格，百菜百味。」

半個世紀前，可能有「百菜百味」的川菜，如成都姑姑筵的創始人、做過清代縣吏及西太后御廚的黃敬臨做的川菜，可能是「百菜百味」的。惟自味精輸入中國，其後中國人也會製造味精，各種中國菜館的菜後，鮮的味道的來源多靠味精，相信川菜也不例外。據近年曾在北京、成、渝、滬、港、台、德、法、比、荷、奧、瑞、美、加各地吃過川菜的說，從沒嚐過一席鮮美味道各不同的川菜。

特輯裏面也有菜譜，調味品都不缺味精，則川菜的鮮，似乎是以味精做味的「帶頭作用」。菜譜中的「毛肚火鍋」的味精是二分；「孔雀開屏」也有味精，卻沒列分量；「椒鹽雞塊」及「宮保雞丁」的味精都是二分；「糖醋鯉魚」、「清蒸全鴨」的味精則為五分；「棒棒雞」的味精二分；「夫妻肺片」沒列味精分量。

八菜全有味精的味

八個菜都用味精作味的「帶頭作用」，飲啖官能嚐到的是「八菜八味」抑是八菜同一味？其實，弄八個菜各個味道不同並不難，把味精剔去，用其他物料或味料代替便可，如「蒸肝膏」，用純濃雞湯，就是一菜一味了。

生長在四川的廚師，如果從沒到過腳底下（川人說省外人來自腳底下）任何地方，要是年未過六十，從師學藝時，可能沒上過不用味精做菜的一課。如今，要他們烹調「百味」不同的「百菜」，是否毫無問題？

任何中菜館，能弄出「百菜百味」的菜，相信會有「唐和番合」的效果。如果美國有「百菜百味」的中國菜，可使已走下坡的中菜業，轉入「柳暗花明又一村」的美景，問題在這個行業的先知及後學的「幹勁」是否「衝天」？

二十世紀最後的二十年，是「務實」合當交運的年代，不僅是中菜業，其他行業也不會例外。向市場推銷的東西，可以「吹」一時，要是沒「實」殿後的話，結果是不難想像的。

飲食花費三千億元

近在電視節目發現不斷推陳出新的東洋料理，其中有一個甚麼名堂的菜卻不曉得，是一個椰菜挖去百分之八十以上，留下幾片外葉，包裹一個大肉球，如果亮相的人物，不是穿和服的話，還以為是敝國的「獅子頭」。最新的美國菜，食客會發現有些作料或味料來自中國或法國、中東或者是韓國的。一九八三年三月十六日，舊金山江尼固英文報食物欄一篇佔全版四分之一位置的文章：*The 80s: Fast, Flavorful and Nutritious*（八十年代的美國菜，做得快，做得好味又富養分），內容不僅說明美國菜已變，且還在變。最主要的兩項：一，不會為做二三個或請客的菜，弄到筋疲力竭。二，不管是豬、雞、牛、鴨，不會像過去一樣，一望便知是焗牛或燒雞，其他作料只是襯托。如果是牛肉的話，副作料的分量與牛肉不相上下，像中菜的時蔬牛肉，蔬的種類比中菜多些。

東洋料理或美國菜，為甚麼不攬緊他們的傳統或正宗？可能是為了八十年代，美國人在飲啖方面，每年花費三千億，飲食業者希望在這個數字裏多分一杯羹。

六十年代美國人的飲食開支為七百五十億，七十年代一千三百億，八十年代超過一倍。從事飲食事業的炎黃子孫，有鴻圖碩畫的，對上述數字，未審有無興趣？

世界報協在港開年會 該以香港名菜款代表

美東有名出版機構，欣賞香港一名烹飪家食譜，拿去兩年多還沒出版，在香港人看來，或許會問「有冇搞錯？」其實一點沒搞錯，因為刊印乙本食譜，投資不少，單是發行一本書分寄五十州數十萬個分銷處的包運費就不少，何況還有印刷宣傳等成本。刊行一本書要是銷數不多，會血本無歸，因此看中一本可銷的書，也須經過各階層的檢定。食譜一類還得花錢請權威食家提意見，所以作者交稿兩年還沒出版。

其中一食評家認為該書內容沒時下紐約的川湘名菜，認為不夠新。出版機構把食評家意見告作者，作者心底裏曉得西人的中菜品鑑專家，多同美國過去的「中國通」差不多，對中國的通很有限，不辭勞瘁的跑到紐約，遍嚐了名氣大的川湘菜館的名菜，彙齊各種資料，在出版機構主持人及權威食評家前作傳統的中菜示範，食評家才無話可說，由此也知道一些中菜割烹藝術的真面目。烹飪家卻為中國食藝的宏揚，打了一場戰果甚豐的勝仗。

十五屆世界中文報協年會，一九八二年十一月十九日在香港舉行。十四屆在舊金山舉行，據説《世界日報》波士王惕吾先生在會中致辭，認為是報協最好的一次年會。籌備主任兼主人之一英文《亞洲週刊》波士方大川先生居功最大，一是安排代表到白宮裏邊左衝右撞，並非耳聞，而是目睹白宮裏面是怎樣的。二是美國中文報市場不大，廣告不多，致報業的財源都受到限制，報社或個人沒辦法多花錢款待來自各地的同業，卻表達了真摯的衷誠：以美國食壇前所未見的「美國中國菜」（美國土產中國割烹）款待嘉賓。

香港是十五屆報協的主人，而香港近年已有「食在香港」的美譽，不曉得做主人的有否想及以「香港中國菜」款待來自遠方的嘉賓？何況香港有名的中菜很多，沙田乳鴿、大埔乳豬、川椒雞（當年潮人「寄儒別墅」俱樂部創製的名菜）、油泡深水青衣球、豆豉雞（並非豆豉炆雞，香港淪陷期間國民酒家創製）、中國失傳逾八百年的盆菜（新界有些鄉村的春秋二祭或喜筵仍保留盆菜。如以香港奢食主義者底精料精製的方法處理，色、香、味、型的效果，絕不稍遜時下流行的「佛跳牆」、揚州的「一品鍋」）。香港的食經、食譜甚至專家名廚，多如過江之鯽，要創製一桌至十席香港中菜至為容易。這還是其次，乘此機會招中國飲食藝術之魂，讓近年港、台在西方世界開中菜館的起碼知道「吃的民族」底吃的藝術是怎樣，少蝕些本。就老拙所知，八二、三年，只洛杉磯一地，經營中國菜館而蝕本的數字沒千萬，起碼超過五百萬美元，老行尊輩遭遇滑鐵盧之役的也不少。

乾絲黃瓜與香港食風

「有盛饌，必變色而作。」饌之可稱為盛者很多，但也因時、地、人之不同而異。

美國中菜館不少賣價甚廉的甚麼翅席，包括鮑、參、鴨、鴿等八至十個菜。名為翅席的翅，即使食客要表演大海撈針，才吃到幾根還很粗硬而帶灰腥氣味的翅。要是搬到大陸任何城鄉去，啖之者必以「盛饌」視之，自然也「變色而作」。如果大陸的老百姓，現已達每年平均有二千美元收入的話，則這樣的「盛饌」價值就會低貶。

四川農村傳統的「請油大」的一席菜，割烹得即使極為精美，還加添一個像「熊貓戲竹」的功夫菜，在香港酒家亮相，恭請美食家們品嚐，希望他們有「變色而作」的反應，相信不大容易。因為「請油大」的菜中的一個「油」字，會引起美食家們底飲啖官能「大力鬥爭」。

香港新界的佛教寺院如再出現一個啖葷的和尚，且懂得香氣四溢的「佛跳牆」烹調之秘，弄這麼一個「佛跳牆」換鈔票，視為「盛饌必變色而作」的食客不會很多。假如這罈香氣四溢的「佛跳牆」的作料，竹筍與豬肉外，還有四頭網鮑、魚翅等，又當別論。

自從有人把「食在香港」的帽子拋給「東方之珠」以後，凡「饌」之可稱為「盛」者，作料中必多花阿堵物。豎刁易牙再世，視為割烹最佳的菜，如所花的阿堵物不多，也不夠「盛饌」

的條件。此因冒險家樂園的食家多是奢食暴食的，講究美的美食家不多。

中文報協一九八一年會在舊金山舉行，做主人的同業，以美國特產珍品弄菜及佳釀款待來自五湖四海之報壇碩彥。就菜譜所見，是一席具很高意食價值的飲啖，使美西食壇泛起了漣漪。

為使來自遠方的同業，在短暫旅程中的飲啖，嚐到適意的新的口味以及美國食壇前所未有的菜式，全用本土珍品特產為主要作料來割烹「美國中國菜」。此足見主人待客，擲出極高的誠意敬意。不僅菜餚方面匠心獨運，杯中物也有不同的安排。所謂意食，簡單說是請客還肯動腦筋。就所知，二十世紀為舉世注視的中國意食，一是一九三二年國府在南京款待李頓爵士調查團，二是「乒乓外交」後毛澤東宴美國總統尼克遜。這兩次款待外客所表現的，都非禮賓司的權力和能力範圍。（台北二十年前有一次國宴，不登大雅的「甜酸豬肉」也在席中亮相，予人的印象不過是隨便的敷衍應酬，少了誠意、敬意。）請一次客，使舉世報章刊載，殊不簡單。

美國作料的中國菜

據參與這次盛宴者說，報協代表入席後，流露「必變色而作」底情緒者不少。菜單設計製刷精美，固使嘉賓而悅之，所以能引起「變色而作」，應是前所未見和味的菜譜。

這一席共十大菜，其中有冷熱葷各二。二冷是「煙三文魚」和「乾絲黃瓜」。三文魚是美國頭等海上鮮，西餐的名菜。中菜館的食有餘底魚，很少用三文魚。其實以三豉：頂豉、豆豉、欖豉蒸三文頭腩，比美國任何石斑都甘腴鮮美。這次把長方桌上的「煙三文魚」搬到圓桌上，款待遠道而來的嘉賓，還算有點新意。「乾絲黃瓜」倒是創新的冷葷。大豆王國的乾絲、黃瓜、牛油果（Avacado）都不值錢，弄一個九吋的冷葷，作料所花不到二美元。連州長、民政廳長也出席的盛宴用不值錢的菜作冷葷，即使沒有粵俗語的「搞錯」，也可說「膽粗」。設計這個冷葷的，可能對作料的質與性、味理、哲理等知道不少，敢以平凡廉宜的作料做冷葷，在盛大宴會中作下酒物，預料參與的嘉賓不會淺嚐即止，大概是靠綠色的牛油果弄成茸作香與味的靈魂。因牛油果含有葷的香與味，不僅沒嚐過的外來客視為新味，有牛油果的沙律，生活在美國的也多「食而甘之」。

一紅一綠的冷葷，嘉賓少有不一再添箸的，有可能視這個冷葷是「盛饌」了。但是這兩個冷葷在香港食壇亮相，紅色是舶來品，還勉強稱之為「盛饌」；作料費所花不過二美元的「乾絲黃瓜」，應具「盛饌」的條件是不夠的。即使一啖以後「必變色而作」，也不會視為「盛饌」。

瀋陽割烹難

同南蠻共比高

過往中國人筆下口中的天下就是中國。瀋陽特級廚師劉敬賢先生八三年在大陸廚藝大賽中獨佔鰲頭，榮獲冠軍頭銜，則劉特廚可稱為天下第一廚。

天下第一廚於一九八四年五月在港亮相的是遼寧菜。遼寧的食風，也可說是東三省的食風。清以前的東三省食風是漢人食風，清後的東北食風卻是漢滿兼而有之的食風。滿人入關後，最先嚐到的漢菜是山東菜。魯人有經商天才，在東北開錢莊、糧莊、飯店的很多，故滿人最早吃的漢菜是山東菜。天下第一廚亮相的是遼寧菜，當然是既漢亦滿的菜，對瀋陽菜的品評，應佔在遼寧食風的角度，若以「南蠻」飲食的口味習慣月旦遼寧菜的割烹技藝，是難搔着癢處的。

「南蠻」菜有四種可獨立經營的菜譜，割烹方法也未盡相同：廣州菜、東江菜、鳳城菜、潮州菜。而用料的廣泛複雜，非中國任何地方菜所可比擬。如說東北或川湘廚師的魚翅不比「南蠻」廚師好，則因大陸廚師尤其新紮師兄，全沒見過香港海味店內種類以百計的魚翅，也沒參觀過以浸發魚翅供應大小菜館為經營目標的，並不設門市的翅莊。浸發魚翅過程及要竅全不了解，要求他們製作的魚翅同香港以魚翅作招牌菜的酒家樓或大牌檔的標準比較是不公平的。

天下第一廚這番亮相六個大菜，雖不一定是代表菜，也可說是精製，尤其是精印菜譜內頁另有說明的「戈壁駝蹄」、「紅梅白玉」、「鳳腿鮑魚」與「游龍戲鳳」。前二者是創新的菜，後二者是舊瓶新酒加些「工藝」菜。

「駝蹄」與「鳳腿」撇開不談。「紅梅白玉」是個雙拼，雙拼是古已有之的菜。蝦膠作紅梅，鋪上嫣紅甜酸獻，魚肚作白玉（絕不會是大澳陳鰲魚，故魚肚在港人眼底不是上菜），切成長方形加工藝伴紅梅，味則不一樣。雙味倒算有新意，但「紅梅」不爽，鮮味不厚的蝦膠，鋪上甜酸獻，不易嚐到蝦的鮮，以「南蠻」口味習慣說，這是不對的做法。「南蠻」吃魚，如是活的必清蒸；除了全魚席，活魚油炸是很少的，這就是「南蠻」的食風。

單憑若干評審員，尤其飲啖官能的經歷，只限於東北或西南幾省，自己又不會做菜的，所見到的及個人口味習慣，給予職業廚師一個名廚的頭銜，對廚師來說，不一定是福。就天下第一名廚所亮相的瀋陽廚藝說，要同「南蠻」的割烹技藝共比高，還有一段相當的距離。

老拙同天下第一廚見過一次面，也曾握手為禮，相信天下第一廚，對老拙的說法，定有若干同感。

維珍尼亞

火腿芥菜湯

人說美國是超級工業國，就所知，美國農產的數量也是超級的。但至今還沒聽過人們說美國是「以農立國」，實在也沒聽過美國人說他的國家是「以農立國」。

科技王國的美利堅合眾國，屬於科技的東西，應有盡有，甚至升天遁地的，也可稱全球第一。就「民以食為天」的食言，主副食物品足供全國所需外，還有大量的輸出。其中如大豆，有一州的產量已等於世界的總和，且還可用來作政治武器。幾年前，美國的一個盟邦，想玩其兼得魚與熊掌的縱橫家的政治戲法，白宮知道了，當然不開心，但也敢怒不敢言，倒是「有權能劃地」的想出還敬的一招：縮減供應這個盟邦的大豆數量。還未付諸實施，白宮的盟邦知道了，難得魚與熊掌的戲法不敢玩下去了。原來這個盟邦銷行全球的大豆加工品的原料，大部分還是依賴美國供應。

目今美利堅合眾國還未能稱為世界糧倉，倒是西部的大州加里福尼亞可稱為美國的糧庫。產量既豐，而且種類多，尤其副食的青、蔬、瓜、果，堪稱世界之冠，每天由空運到外邊的也不少，如美東、中部。芳鄰的加拿大，人們吃的蔬果，多來自加州。中國人愛吃的便佔百分之九十以上，如味辛的芥菜、帶澀的芥蘭、苦的涼瓜。這些青蔬還是有色人種多吃，而種植的也以有色人種佔大多數。遠在四十年前，加州已有人種大小芥菜，中國菜館的菜譜已有芥菜湯。有一家專供應華僑吃的家常菜的菜館，靠一碗清水芥菜湯，招徠了難以數計的西人食客，忙到清點收入鈔票也沒時間，存入銀行時另付五元小賬請銀行出納員代勞。

「十月火歸臟、不離芥菜湯」

正是居住在亞熱帶人們說的「十月火歸臟，不離芥菜湯」的季節，為適應食客飯者的需要，另附一碗免費的清水小芥菜湯。一天，有西人光顧這家飯館，吃的是免費芥菜湯的客飯。其時雜碎還沒盛行，吃唐人街小飯館的客飯也極尋常，這西人食客一連光顧了三天，都吃一樣的客飯。過不了幾天，當地英文報有一則專文發表，對這家飯館的客飯大吹特吹，原來連吃了三天客飯的西人就是該報的外勤記者。文章大意是說：肺胃好幾天不舒服，吃過藥也未使咳嗽減少，胃口也不好，為改換口味才吃這家飯館的客飯。想不到喝了一碗芥菜湯後，肺胃都舒服了些。第二天再去吃這些飯和湯，咳嗽也少了。第三天再吃這些飯和湯後，肺胃再沒有不舒服的感覺，認為這家菜館的芥菜湯有醫療作用。自是而後，這家菜館的西人顧客出現了客似雲來的景象。

丁巳年的「時維九月，序屬三秋」，北美有若干地方早已下過雪，僑居加拿大的一個香港客，為避寒來了加州。有一天友人在私邸款待這位遠客，其中的湯菜是個火腿芥菜湯，原屬很普通的，但這碗芥菜湯的小芥菜是從後園拔出的，比市上的新鮮，自不在話下。湯裏面是幾片火腿，映入眼簾頗為悅目，湯一入口腔裏邊，即有不平凡的味道：小芥菜的辛味甚厚，火腿甚是鮮香，為生平所未嚐過的美食。

在加州，常見的小芥菜湯的鮮是鹽與味精或罐頭牛肉湯的鮮，湯裏的辛味也很薄。原來這個被稱為美食的火腿芥菜湯用了近四磅小芥菜，十安士經過處理的維珍尼亞瘦火腿，其中一安士切長方形薄片，九安士同四公杯水熬湯，慢火熬成約三公杯後去膩，熬過湯的火腿和芥菜莖都不要，調好味道後加入一安士火腿片和四磅小芥菜選出最嫩的菜心，一滾即成。

這樣的小芥菜湯的辛、鮮、香味都是超額的，同飲食有關的官能，自視覺至味覺，一經接觸，反應當然是好的。不管客人用甚麼言語向主人表達謝意，相信都是由衷，不會僅是禮貌上的。平平無奇的小芥菜湯弄成美食，是主人款客的誠敬。客人來自少產青蔬的加拿大，又是「火歸臟」的季節，自是「食而甘之」。

弄這樣的火腿芥菜湯款客，看來這個主人深懂飲食藝術高度境界的意食與時食。

又酥又香的阿七炸生蠔

一九七五年五月十日，報上有一則新聞，標題是「防肝炎一法，生蠔要熟吃」。

香港醫務衛生處發表聲明：「並無任何證據顯示流浮山出產的生蠔有傳染肝炎的危險。但食蠔及其他貝殼海產，必須先行煮熟，以保安全。」

此事起因於流言說吃流浮山產的蠔會染上肝炎，致令流浮山蠔民收入大受影響。求醫務衛生處澄清該區所產生蠔吃了會否引致肝炎？醫務當局在十八個月內進行逾百次試驗，仍無法作出證明。卻發現海水的污染、天氣不同而有不同的變化。雨水愈多，則海水污染的程度愈大，卻無從證明吃該處的生蠔會招致肝炎。但世界各地事實證明，肝炎傳染確與貝殼類食物有關。所以吃蠔要徹底洗淨和煮熟才吃。

從這一則新聞看，蠔可吃，卻不能生吃。要吃蠔先要洗淨，次要煮熟吃。

中國人吃蠔，生吃的不多，招致肝炎的機會也許少些。惟就時下的「酥炸生蠔」一般的做法，不見得都把生蠔炸得全熟，則吃「酥炸生蠔」的可能吃了半熟或不全熟的生蠔。吃來腥味大的蠔就是半熟或未全熟的。假如海水被污染了，蠔裙也受到污染，洗時又不夠乾淨，炸得不夠熟，則吃這種炸蠔，「病從口入」的機會是很大的。

「酥炸生蠔」時下的做法多是生蠔蘸上有味精、鹽、斧頭仔粉（梳打食粉）、麵粉或混合的麵粉然後炸。有了斧頭仔粉與雞蛋混和的濕粉，密度很高，放入滾油鑊裏即脹大和很快變焦黃，如果是老油，就更快變黑，但濕粉裏邊的生蠔，才開始受到熱的壓迫，離一個熟字還遠。因外層夠焦黃或焦黑就拿出來，這種炸生蠔外層有點酥脆，裏邊的蠔是未熟的。如果蠔裙還黏有疾病的媒介，吃這種「酥炸生蠔」，即使抵抗力較強的人，也難保不會招來「病從口入」。

洗生蠔也要得其方

古老的「酥炸生蠔」是生蠔蘸少許雞蛋，藉蛋黏上少許乾粉然後炸，故生蠔炸得夠熟而又酥香。做生意人為了成本，為了「好睇」，把一隻一寸長的生蠔炸成雙倍大，就求助雞蛋和斧頭仔粉，道行不高的廚師，往往着眼於色的效果，致忽略裏邊的生蠔已否全熟。

生蠔是不易洗淨的，尤其蠔裙，古老方法先用一把麵粉將生蠔撈勻，蠔裙裏邊也黏着麵粉，然後用清水洗之，則蠔裙裏面的污染盡出，顯出白色。非正途出身的廚師或專家如何洗蠔，或有更方便和洗得乾淨的方法亦未可知。但生長在近海地區的人們洗蠔，還是用古老方法。

太平洋的西邊到處有蠔，但唐菜館的「酥炸生蠔」，仍多求助斧頭仔粉和雞蛋的新法，十居其九有腥味的。新法「酥炸生蠔」還是少吃為宜。

香港最多會員的華商會所，從前主理西菜之阿七的「酥炸生蠔」，經常為大圓枱太白同志的下酒物（沒一樽威士忌或拔蘭地酒量的會友不敢坐在大圓枱喝酒聊天，如果是十名會友，一頓酒喝了十瓶很平常），就因阿七的炸法使人「食而甘之」。阿七的炸生蠔，炸之前還先用滾過的薑水拖過，生蠔濾去水分，落油鑊前，才蘸蛋白和未經烘過的麵包糠（烘過的麵包糠，一炸即焦），妙處是外層焦黃，蠔則全熟，入口酥香卻沒腥味。

「原盅雞飯」與生雞蛋

一九七四年十二月某日，《星島日報》的重要新聞版，有一則電訊新聞，是與國際大事的政經無關的吃新聞。

新聞說，日本政府發現有些工廠的「即食麵」不合衛生規格，下令這些製麵工廠停止製造和輸出。如不改善，只好關門大吉。

不准製造和輸出的「即食麵」，觸犯了衛生規格哪一章哪一條？新聞內容沒說明。總而言之，這些「即食麵」可吃飽人，也可吃壞人。

編電訊新聞版的「編座」把這則與國際大事無大關的新聞刊出，可說深懂人情世故，而且有「婆心」。

大概這位「編座」也曉得日本在這一個世紀「發揚」中土食的文化甚是努力，出品中國人慣吃愛吃的食物，有了輝煌的成就，且賺了中國人不少的錢。近年製作的「即食麵」，黃帝子孫也是大顧客。尤其忙人、窮人和留學外國的學生，以「即食麵」作經常食糧者不少。今日本政府宣佈有些「即食麵」不合衛生規格，刊出這則新聞讓常吃愛吃「即食麵」的讀者注意，這等於佈道家常對其信徒說的一句話：「你要警醒！」但那是屬於靈魂的問題，「編座」刊此新聞則屬吃的問題，也就是讓讀者「警醒」吃的健康。

輸入美國的各種「即食麵」不少，常吃多吃「即食麵」的美國的少數民族，這種「中國食物範圍」的食物，食品藥物管理機構是否同對多數民族的吃的衛生一樣重視，還不大清楚。「殖民地」政府的醫藥衛生當權派，或是有權過問市政的並非「椰斯岷」的議員，有否見到這則新聞，或者見到而視作「此乃閣下之事」。

香港食肆的「原盅雞飯」加生雞蛋，是否合乎衛生頗值得研究。書本上記載，人的食物不能缺少蛋白質，「原盅雞飯」加雞蛋，有若干人視為「補品」。但書本上記載，生雞蛋含有一種叫做「阿維碘」的東西，在腸道與維他命六遭遇，會阻礙維他命六進入血裏面。人體少了維他命六，初而心情不快，進而精神頹喪，到後來會想到自殺。美國醫療紀錄有不少這類記載。有一個金錢、愛情、家庭等全部美滿的主婦，為了貪靚，經常把生雞蛋混在鮮橙汁裏吃，後來弄到精神頹喪而想自殺。也許現已發現多吃生雞蛋無損健康的妙方，要是還沒知道這些妙方前，而又還不想自殺的，則生的雞蛋似宜遠而敬之。

生雞蛋不宜吃原是舊聞，不曉得經常巡視食肆的一切是否合衛生規格的「衛生幫」以為如何？

有一個「殖」字的政府，被管治的，上頭也有一個「殖」字，有很多問題就因一個「殖」字而變了「此乃閣下之事」。吃生雞蛋是否有益？還是被殖的自己尋求解答吧。

吃網鮑等於吞黃金

「今年興呀！」「而家興呀！」

這個興字在香港是很流行的。裝扮入時的閨閣中人，歌台舞榭的佳麗，影視兩棲的嬌嬈，甚至報攤公主，挑菜擔的老娘，也常說其中有個興字的話。

在美國西岸的百貨公司櫥窗，見到一九七五年的一襲春天晚装，是不同顏色的方塊形的，等於古老中國的百家衣，只是腰以下補一大塊抽紗，是美國「今年興呀」的晚装。

講究衣着的香港女人今年又興些甚麼？

興是時髦、新。所謂新，還包括「好睇」，「好睇」就是美。不過，認為美的、「好睇」的，主觀成分較多。如早幾年西方女人愛穿露大腿的「迷你裙」，香港女人也大興特興起來，多數人認為「好睇」。

大腿有不少像大熱香蕉的黑點的，小腿如端午節的鹹肉粽的、竹絲雞腳的，也穿起「迷你裙」來，會使人想起古人一句話：「衣不稱身，身之災也。」

香港金魚缸（股票市場的別名）少了觀眾以後，不僅不是身之災，而且還是身之福，福及別人和社會。這種「興」就是旅行結婚，男婚女嫁不請喜酒。家有喜事，一切從簡，固省了不少時間與金錢，且不會禍及親戚友好的腰包及「五時恭候，九時入席」的捱餓與「站班」。

男婚女嫁一切從簡

一個香港的「人之患」三年前說過，月入不到三千元，每月付請帖的賬佔三分之一，還花時間「站班」。故男婚女嫁，「一切從簡」的「興」，真是利己益人。

婚嫁「一切從簡」的「興」，似乎又有「東風西漸」之勢。太平洋西岸有人嫁女，做下門親家的準備請「筵開百席」的客，誰知女兒不答應，連「賠嫁」的種種也不要，嫁的且不是金龜婿，而是在學生時代做暑期工作被機器弄斷了手的「獨掌英雄」。這可說是太平洋西岸少見的愛情至上和「幹勁衝天」的一對，值得衷心遙祝他們健康快樂以至白髮齊眉。

文林高手任畢明先生一九七四年在《星島晚報》「閒花集」寫的〈禮云乎哉〉，對「筵開百席」喜筵壽宴的廢時失事，浪費金錢大不以為然。有些人收受親友厚禮，請客的卻是八股菜（魚翅、鮑魚、炸雞、石斑等，吃十次百次都一樣，稱之為八股菜），真是揶揄盡致。

所謂名貴海味的鮑魚與魚翅，是清中業以後吃官飯或做洋務的，巴結上司和聯絡做官的，宴請不大懂中原食藝的滿族大員必有的食物。中土不產茶碟大的網鮑，且視為滋補的食物，出產網鮑的國家也以之為奇貨，提高售價，但在營養學家眼底，鮑魚雖有若干養分，價貴則不值得吃。多吃鮑魚也不一定可延年益壽或「夕御數女」。今人之吃網鮑，也等於吞了若干黃金，間接奉送若干給人家作富民強國之需，日本是賺海味外匯最多的國家。經濟學家如肯研究近百年炎黃子孫吃名貴海味所花的錢，會發現一個驚人的數字。

一九七四年，美國肉商曾一度高抬肉價，牛扒世家的美國主婦聯合起來「抵制」，肉商終不得不放棄暴利主義。如有人認為鮑魚美味，非吃不可，來一次「抵制」，或有廉價鮑魚可吃。假如炎黃子孫都不吃鮑魚，不見得不會延年益壽，更會減少好幾個窮人。

省時省錢的油條豆漿

出生在大英帝國統治下的香港男女，甚至父母和上一代都持有出生證據，照理該是正統香港人。但有人認為有「出世紙」的不一定是十足的香港人。要受過官校教育或在番書館讀過若干年書，才算是十足的正統。理由是：即使不是「祖家」的任何大人物在香港出現，要是弄個甚麼招待會或園遊會，被邀請的香港少爺小姐，即使不會說「祖家」腔調的英語，也會全部說英語與「大人」周旋，才可稱為正統的香港人。

正統的香港少爺小姐出類拔萃的不少，在美國的專家學者中，黃臉孔的香港人就不少。不過，思想、學問、見識不能越出一個「殖」字範疇的也很多，甚至在議會上「話事」的也如此。若干年前，香港同美國，因生意問題有些不甚融洽，竟有在議會上「話事」的說要對美國報復。可說思想不能衝出一個「殖」字最明顯的一例。後來官方要是不出面打其完場，可能影響港貨輸美。

常在報章雜誌發表文章的一個正統香港番書女說，初來美國，對生於斯、長於斯的香港甚懷戀，因此每年都回港一次，會親人訪故舊。二三次後，對回港的興趣愈來愈低減了。香港雖不斷的變，但同一羣要好的同窗周旋、吃玩而外，聊天的話題全沒新的，這可能與她們心中的天地太小有關。

從香港電視看青少年的節目，教人為會考而讀書的很多，開眼孔心孔的甚少，「聽話」的教育大概要如此吧？

開水不會燒的港台學生

一九七五年五月七日報載檀島一華裔女教師，有感於中學或大專學生滿腦子學院知識，學院外的現實生活的處理和應付懂得的很少，特設訓練班，指導中學或出了大學門牆的學生，如何應付現實生活，租賃房子的常識以至求職時面試該如何應付等。甚至「單吊西」甩了一粒鈕，雖是現實生活的芝麻小事，也得有應付之方。

像這位女教師所說的不懂得如何應付現實生活的成年小孩子，香港特多。嬌生慣養的不必說，連「打工老豆」的兒女不懂得應付現實生活的也不少。做「一腳踢」家務的母親返外家去了，衣服不會洗，飯不會煮的少爺小姐，上茶樓菜館可解決食的問題，衣服則拿到洗衣館去，這種情形在香港很普遍。甚至弄一杯滾水也不懂的也大有其人。查起根，問起底，還是若干傳統作祟。

常見來美國深造的學生，說粵語的是唐山雜貨店開水泡麵的最大顧客，至於這些麵的養分和衛生價值如何，就不願花腦袋的功夫。非說粵語的，則買可做豆醬的黃豆粉。他們慣吃油條豆漿作早餐。到賣油條豆漿的地方吃一頓，要花一二小時的「企枱」或「洗碗」的工錢。為了方便和省錢，買豆粉自弄豆漿是對的。但他們多不曉得從太平洋東邊運到美國做豆醬粉的黃豆從美國運去。黃豆遊過埠後變了豆粉，運費加上入口稅半磅賣七角半，不貴。要是想更省錢，則買山姆大叔的素食雜貨店的黃豆粉更慳，每磅四角九仙。要吃油條，其實也十分方便而省錢。所有食物中心都有發酵好的濕麵粉，每筒一角半至數角的都有，放在焗爐裏焗八分鐘便是十個小麵包。用這些濕麵粉加些鹽和糖，弄成油條狀，放在滾油裏一炸便是油條。

當然，如果怕弄粗弄皺纖指或嫌麻煩，就永遠不懂弄油條。

後記

意大利哲學家沙達紅說過：「一個忘記了歷史的民族，注定要重蹈覆轍。」

美國總統朗奴列根，八四年愛爾蘭之行，並非出席甚麼國際會議，而是追尋自己的根。美黑裔亞歷克斯・哈利，為尋美國黑裔的根，花了十三年歲月，寫成《根》（*Root*）一書，面世以後，不特有洛陽紙貴的情形，且一再得獎，其後拍成電視片集，收視率也逾百萬。

總統為了尋根，不惜遠涉重洋；美國少數民族的黑裔哈利，肯花十三個寒暑寫成《根》，可能是為避免重蹈覆轍。

中國史學發達最早，業績也甚是輝煌，但生活在二十世紀的炎黃子孫，要想知道這個世紀一些往事的真實面目，卻戛戛乎其難，這因當權人物把不少往事的真實面目，塗上黨的、派的，或領袖的色彩等，至同權力沒多大關係的飲食文化，也有意無意之間把真實隱沒，像清末民初，在故都有過「戲界無腔不學譚（鑫培），食界無口不學譚（篆青）」的美譽底「譚家菜」，自詡是飲食「祭酒」的機構，刊行名菜譜，肯把「譚家菜」編進去，自是認為有名的分量，卻隱沒了主人的名字。簡短的引言，共有七個「譚」字，連「譚家菜」在社會亮相，由於主人家道中落也說了，當然對「譚家菜」所知頗詳。隱沒主人的大號，倒有點匪夷所思了。

七十年代開始，「雜碎」在美國開始不吃香。到了八十年代，開菜館已不是美國華僑一枝獨秀的事業，食譜也非搶手貨。在這個年代刊行「鼎鼐」的「雜碎」，可說不合時宜。不過，有朝一日，炎黃子孫有願意尋沒塗上黨或派的飲食事實的根，發現這本同「鼎鼐」有關的「雜碎」，有些原色原味底作料，則此書的刊行，也非無一是處了。

甲子冬於香港